机械制造与自动化应用探析研究

郝中波 秦 岭 丁 宁◎著

经济日报 出版社

北 京

图书在版编目（ＣＩＰ）数据

机械制造与自动化应用探析研究 / 郝中波，秦岭，
丁宁著. -- 北京 ：经济日报出版社，2025.3
ISBN 978-7-5196-1452-2

Ⅰ．①机… Ⅱ．①郝… ②秦… ③丁… Ⅲ．①机械制
造－自动化技术－研究 Ⅳ．①TH164

中国国家版本馆 CIP 数据核字(2024)第 013359 号

机械制造与自动化应用探析研究
JIXIE ZHIZAO YU ZIDONGHUA YINGYONG TANXI YANJIU
郝中波　秦　岭　丁　宁　著

出版发行　*经济日报*出版社
地　　址：北京市西城区白纸坊东街 2 号院 6 号楼
邮　　编：100054
经　　销：全国各地新华书店
印　　刷：廊坊市博林印务有限公司
开　　本：710mm×1000mm　1/16
印　　张：13.25
字　　数：210 千字
版　　次：2025 年 3 月第 1 版
印　　次：2025 年 3 月第 1 次
定　　价：78.00 元

前　言

随着工业和智能制造的兴起，机械制造与自动化技术受到了前所未有的重视。这一领域的进步不仅提高了生产效率，降低了成本，还使产品质量得到了显著提升。随着市场竞争的加剧，机械制造业不断追求创新和技术突破，以满足日益增长的市场需求。我国机械制造与自动化应用已经取得显著的成果。一方面，通过引进国外先进技术和管理经验，机械制造业已经实现了从传统制造向现代制造的转变；另一方面，在自主研发和创新方面，尤其是在数字化、智能化和绿色制造等方面机械制造业也都取得了重要进展。

本书首先对机械制造及其系统进行概述，介绍制造业的核心作用与机械制造技术的演进历程。同时阐述金属切削原理，为机械制造提供了理论基础。在装备设计方面，探讨工业机器人与注射模具的设计，展示机械制造装备的先进性。加工工艺部分揭示了机械加工的基本过程、表面质量及其影响因素，以及振动控制等关键技术。本书还聚焦机械制造自动化及其控制系统，探讨自动化技术在机械制造中的实践应用，展现机械制造的未来发展趋势。

本书注重理论与实践相结合，既有对机械制造理论知识的深入剖析，又有对实际应用的详细探讨。同时，本书还采用图表形式，帮助读者更好地理解和掌握知识。

本书在写作的过程中得到许多专家学者的指导和帮助，在此一并表示诚挚的谢意。书中所涉及的内容难免有疏漏与不够严谨之处，希望读者和专家能够批评指正，以帮助我们今后进一步修改。我们期待本书的出版能够为机械制造与自动化应用的研究和实践提供有力的理论支持和实践指导，为推动我国机械制造与自动化应用作出一点贡献。

郝中波　秦　岭　丁　宁

2024 年 10 月

目　　录

第一章 机械制造概论

第一节 制造与制造系统

一、制造

制造是人类文明发展的重要标志，它涉及将原材料转化为最终产品的全过程，这个过程不仅包括物理和化学变化，还涵盖了广泛的技术和管理活动。为了更深入地理解制造的含义，下面从广义和狭义两个层面进行探讨。

（一）广义的"制造"

广义上的制造不仅局限于生产过程，而是涵盖了产品的全生命周期。根据国际生产工程学会的定义，制造是一个包含产品设计、物料选择、生产计划、生产过程、质量保证、经营管理、市场销售和服务等一系列相关活动和工作的总称。

1. 市场分析与经营决策

在制造活动启动之前，企业必须开展市场分析，深入了解消费者的需求和市场的发展趋势。这些信息对于企业制定正确的经营策略和决策至关重要。通过市场分析，企业可以预测产品的潜在需求，评估市场容量，识别目标客户群，并据此制订产品开发计划和市场进入策略。

2. 设计与加工装配

产品设计是整个制造过程的关键环节，它直接决定了产品的外观、功能、性能和生产成本。一个优秀的设计不仅需要满足消费者的需求，还要考虑生产的可行性和经济性。设计完成后，产品将进入加工和装配阶段。在这一阶段，企业需要制定精确的工艺规划，确保加工过程的精确性和高效性。同时，高效的生产流程和装配线能够有效提升生产效率，缩短产品上市时间。

3. 销售与运输

产品生产完成后，企业须通过有效的销售渠道和物流系统将产品分销到各个市场，并最终送达消费者手中。销售策略的选择和物流系统的优化对于产品的市场表现和客户满意度有着直接的影响。为此，企业须建立广泛的销售网络，提供优质的客户服务，并通过物流管理确保产品能够及时、安全地送达客户手中。

4. 售后服务与报废回收

制造企业还须提供售后服务，解决消费者在使用产品过程中遇到的问题，并在产品生命周期结束后，进行报废回收和再利用。

随着科技的进步和全球化的发展，制造的概念和内涵在"范围"和"过程"两个方面都在不断拓展。现代制造业正在向智能化、柔性化、绿色化和服务化方向发展。智能制造利用先进的信息技术和自动化技术，提高生产效率和产品质量；柔性制造则强调生产系统的灵活性和适应性，以快速响应市场变化；绿色制造注重环境保护和资源节约，减少生产过程中的废弃物和污染；服务型制造则是将制造与服务相结合，提供整体解决方案，满足客户的个性化需求。

在全球化背景下，制造业的竞争也日益激烈。企业须不断创新，采用新技术、新材料和新工艺，以提高自身的竞争力。同时，企业还须加强供应链管理，优化资源配置，降低成本，提高效率。此外，企业还应注重人才培养和团队建设，以支撑持续的技术创新和管理创新。

（二）狭义的"制造"

狭义的制造是指产品的生产过程。这个过程从原材料的投入到最终产品的产出，涉及多个环节，包括毛坯制造、零件加工、检验与装配、包装与运输等。在这个过程中，制造企业需要考虑如何高效地将原材料转化为具有特定功能和性能的产品。

1. 毛坯制造

毛坯制造是整个制造过程的第一步，它是将原材料转化为半成品的过程，这些半成品被称为毛坯件。毛坯件的制造方法多种多样，包括铸造、锻造、焊接等，每种方法都有其特定的应用场景和优势。例如，铸造适用于生产形状复杂的零件，锻造适用于提高金属零件的强度和韧性，焊接则是连接金属或其他热塑性材料零件的常用技术。这些工艺的目的是确保原材料在后续加工前具有正确的形状和尺寸，为零件的精确加工打下坚实的基础。

2. 零件加工

零件加工是制造过程中的第二个阶段，它要求将毛坯件通过精密的机械加工方法转化为具有精确尺寸和形状的零件。这些加工方法包括切削、磨削、钻削等，它们利用各种机床和工具对毛坯件进行精细加工。切削加工可以是车削、铣削或刨削，用于去除多余的材料并使零件形成所需的几何形状。磨削是指提高零件表面的光洁度和精度的加工过程。钻削是指在零件上制造孔洞。这些加工步骤对于确保零件的功能和性能至关重要，因为它们直接决定了最终产品的质量、耐用性和可靠性。

3. 检验与装配

检验与装配是制造过程中的关键环节，它确保了产品质量的控制和最终产品的组装。在这个阶段，加工完成的零件需要经过一系列的质量检验，包括尺寸检测、形状验证和表面粗糙度评估，以确保它们符合设计要求和质量标准。只有合格的零件才能进入装配阶段。在装配阶段，各种零件被精确地组装在一起，形成更大的组件或最终产品。这个过程可能涉及螺栓连接、焊接、黏结等多种连接技术。

4. 包装与运输

包装与运输是制造过程的最后阶段，它确保了产品在运输到消费者手中的过程中得到妥善保护。适当的包装不仅能够防止产品在运输过程中受到物理损害，还能确保产品的外观整洁、标识清晰，从而提升产品的市场形象。包装材料的选择和包装方法的设计都需要考虑到产品的特性、运输条件和环境保护的要求。包装完成后，产品将通过有效的物流和运输系统，安全、高效地送达消费者或客户手中，完成整个制造和分销过程。

二、制造系统

"近年来，复杂制造系统及其自动化、智能化和定制化等优势在汽车制造、芯片制造、机器人等领域受到了广泛关注，其建模与优化问题也已成为国内外的研究热点。"[①] 制造系统是现代工业生产中不可或缺的核心组成部分，它的作用是，通过高效的组织和协调，将各种制造资源转化为有价值的产品。

（一）制造系统的内涵

制造系统是指在制造过程中，将各种制造资源（如生产设备、工具、材料、能源、资金、技术、信息和人力等）通过有效的组织和协调，转变为产品（包括半成品）的系统。它不仅包括物理设备和工具，还涵盖了管理理论、工艺方法、信息技术等软件资源，以及参与制造过程的人员。制造系统实际上是工厂（企业）内部生产资源和组织机构的总和，它确保了从原材料到最终产品的转化顺利进行。

（二）制造系统的组成要素

制造系统是现代工业生产的核心，它的组成要素决定了生产效率、产品质量和市场竞争力。一个高效、先进的制造系统需要综合考虑多种要素，这些要素相互依赖、相互影响，共同构成一个复杂的生产体系。制造系统的五大组成要素如下：

1. 硬件资源

硬件资源是制造系统的物理基础，包括生产设备、工具、机械和自动化系统等。这些硬件资源的先进性、稳定性和可靠性直接影响到生产过程的连续性和产品的一致性。随着技术的发展，现代制造系统越来越依赖于高度自动化和精密控制的设备，如数控机床、工业机器人和自动化装配线。这些设备能够提高生产效率，减少人为错误，保证产品质量的稳定性。同时，硬件资源的维护和升级也是保证制造系统长期稳定运行的关键。

2. 软件资源

软件资源在现代制造系统中扮演着越来越重要的角色。生产管理软件如 ERP

---

① 于青云、赵慧、许佳等：《复杂制造系统建模与优化研究现状及展望》，《信息与控制》2023 年第 51 卷第 1 期。

（企业资源计划）系统、MES（制造执行系统）等，能够帮助企业实现资源的优化配置和生产的精细化管理。工艺控制程序和设计工具如 CAD（计算机辅助设计）和 CAM（计算机辅助制造）软件，能够提高设计的精确性和生产的灵活性。数据分析系统则通过对生产数据的分析和挖掘，为企业决策提供支持，帮助企业发现问题、优化流程、降低成本。软件资源的有效运用能够提升制造系统的智能化水平，增强企业的市场适应能力。

3. 人力资源

人力资源是制造系统中最为活跃和关键的组成部分。工程师负责设计和优化生产流程，技术员负责设备的维护和调试，操作工直接参与产品的制造，管理人员则负责协调各个部门的工作，确保生产计划的顺利实施。人力资源的素质和技能水平直接关系到制造系统的性能和效率。因此，企业需要通过培训和激励机制，提升员工的专业技能和工作积极性，构建高效、专业的团队。

4. 技术资源

技术资源是制造系统持续创新和改进的动力源泉。先进的制造技术如数控技术、机器人技术、3D 打印技术等，不仅能够提高生产效率，还能够实现复杂结构产品的制造，满足市场对个性化和定制化产品的需求。同时，新技术的应用还能够降低材料浪费，减少能源消耗，有助于企业实现绿色生产和可持续发展。企业需要不断跟踪技术发展趋势，投入研发和技术创新，以保持竞争优势。

5. 信息资源

在信息技术高速发展的今天，信息资源在制造系统中的重要性日益凸显。生产计划、质量控制数据、供应链信息等，都需要通过高效的信息系统进行管理和传递。信息的准确、及时和流畅对于保证生产计划的顺利实施、提高响应市场变化的能力至关重要。企业需要建立完善的信息管理体系，确保信息的准确采集、有效处理和快速传递，从而提高决策效率和生产灵活性。

（三）制造系统的功能

制造系统是现代工业生产中实现产品制造的关键体系，它通过一系列复杂的功能模块，确保从原材料到最终产品的高效转化。制造系统的主要功能如下：

1. 生产规划

生产规划在制造系统中占据核心地位，它是确保企业生产活动顺利进行的基础。有效的生产规划不仅能够提高生产效率，降低成本，还能够提升企业的市场响应速度和客户满意度。

（1）生产规划是对生产活动进行全面安排和部署的过程。它包括确定生产目标、选择合适的生产方法、安排生产任务、计划生产进度以及分配生产资源等。通过这一过程，企业能够确保生产活动按照既定的目标和时间表进行，从而实现生产效率的最大化。

（2）生产规划使企业能够合理分配生产资源。生产资源包括人力资源、机械和设备、资金以及技术等。通过对这些资源的合理配置和有效利用，企业可以避免资源浪费，降低生产成本，提高资源的使用效率。例如，通过精确的人力资源规划，企业可以确保每个员工都能在其擅长的领域创造最大的价值。

（3）生产规划需要考虑多种因素。生产规划需要考虑市场需求、生产能力、原材料供应和产品交货期等。市场需求是生产规划的重要依据，企业需要根据市场需求的变化来调整生产计划，以满足客户的需求。同时，生产能力是企业进行生产规划的前提，企业需要根据自身的生产能力来确定可以接受的订单量。原材料供应是生产活动的基础，企业需要确保原材料的稳定供应，以避免生产中断。产品交货期则是企业对客户的承诺，企业需要通过合理的生产规划来确保按时交货，以维护企业的信誉和客户关系。

（4）生产规划还需要具备一定的灵活性。市场环境和客户需求是不断变化的，企业需要能够迅速调整生产计划，以应对市场的变动和紧急订单。这要求企业在制定生产规划时留有一定的余地，以便在必要时进行调整。同时，企业还须建立有效的信息反馈和沟通机制，以便及时获取市场信息和客户反馈，快速作出决策。

2. 质量控制

质量控制是制造过程中至关重要的一环，它直接关系到产品是否能够满足预定的质量标准，以及企业是否能够维护其市场声誉和消费者信任。一个有效的质量控制系统能够确保产品从设计到生产、从原材料到成品的每一个环节都符合既定的质量要求。

（1）质量控制的第一步是对原材料的检验。在开始生产之前，所有进入生产线的原材料都必须经过严格的质量检测。这一步骤至关重要，因为不合格的原材料将直接影响最终产品的质量。通过原材料检验，可以确保所使用的原材料都符合生产要求，从而为生产高质量的产品打下坚实的基础。

（2）过程检验是对生产过程中各个阶段产品质量的连续监控。通过对生产过程中的关键点进行检查和测试，可以确保生产活动按照既定的质量标准进行。如果发现任何偏差或异常，质量控制系统都将及时发出警报，以便采取纠正措施。这种预防性的控制方法有助于减少缺陷产品的产生，提高生产效率和产品质量。

（3）成品检验是对已经完成生产的产品进行的最终质量评估。这一环节包括对产品的外观、尺寸、性能等多个方面进行全面检查和测试。只有通过了成品检验的产品，才能被认定为合格并允许出厂销售。通过这种方式，企业能够确保向消费者提供的产品完全符合质量标准和性能要求。

（4）出厂前的测试是对产品在实际使用条件下的性能进行验证的最后一道关卡。这一环节包括对产品进行耐久性测试、环境适应性测试等，以确保产品能够在各种预期的使用环境中稳定运行。通过这些测试，企业可以进一步确保产品的可靠性和安全性，增强消费者对产品的信心。

3. 加工制造

加工制造是制造系统中至关重要的一环，它涉及将原材料转化为最终产品或半成品的一系列操作。这一过程是实现产品设计意图的基础，也是确保产品质量和生产效率的关键。

（1）加工制造的目的是将设计图纸上的产品设计转化为实际可用的产品。这个过程通常包括多个步骤，如切削、成型、焊接、装配等，每种加工手段都有其特定的应用场景和要求。例如，切削加工适用于金属材料的加工，而成型加工则更多用于塑料和复合材料。焊接是连接金属部件的常用方法，而装配则是将制造好的部件组合成完整的产品。

（2）先进的生产技术和精密的机械设备是必不可少的。这些技术和设备能够确保加工操作的精确性和重复性，从而保证产品的制造质量和一致性。例如，数控机床（CNC）能够根据预设的程序自动完成复杂的切削操作，而工业机器人则能够在装配线上高效地执行重复性任务。这些先进的技术和设备不仅提高了生产效率，还降低了人为错误的可能性。

（3）加工制造还需要依据产品设计图纸和工艺要求进行精确的工艺设计和过程控制。工艺设计是确定如何将原材料转化为产品的详细计划，包括选择合适的加工方法、确定加工顺序、设置加工参数等。这个过程须考虑产品的功能性、可靠性和成本效益。过程控制则是确保生产过程中各个环节按照工艺设计的要求准确执行的一系列措施。通过实时监控和质量检测，可以及时发现和纠正生产过程中的偏差，确保产品质量。

（4）高效的加工制造，还需要关注生产流程的优化和持续改进，包括采用精益生产方法来减少浪费、提高生产效率，以及运用六西格玛等质量管理工具来减少缺陷、提高产品质量。同时，企业还需要不断投资于员工培训和技术创新，以保持在激烈的市场竞争中的领先地位。

4. 物流管理

物流管理是现代制造系统中不可或缺的一部分，关乎物料从供应商到生产线，再到最终客户的整个流动过程。物流管理不仅能够降低成本，提高效率，还能够确保生产和供应链的顺畅运作，从而增强企业的市场竞争力。

（1）物流管理的首要任务是确保原材料的及时采购和存储，需要制造企业与供应商建立稳定的合作关系，通过精确的需求预测和采购计划，保证原材料的稳定供应，避免生产中断。同时，合理的库存管理策略也是关键，过多的库存会增加存储成本和资金占用，而库存不足则可能导致生产延迟。因此，企业需要找到一个平衡点，实现库存成本和生产需求之间的最优平衡。

（2）在原材料到达工厂后，物流管理的下一个重点是物料的内部运输和存储。这包括原材料从仓库到生产线的搬运，以及在生产过程中的流转。优化物流路径和减少不必要的搬运次数可以显著提高物料流转效率，减少损耗和延误。此外，合理布局仓库和生产线，采用自动化搬运系统和高效存储解决方案，也是提升物流效率的重要措施。

（3）成品的配送是物流管理的另一个关键环节。企业需要根据客户订单和市场需求，制定合理的配送计划和路线。这通常涉及与第三方物流服务商的合作，以及对运输方式和时间的选择。快速、准时的配送服务能够提高客户满意度，增强企业的市场形象。

（4）物流管理还需要与生产计划紧密结合。通过高级计划和调度系统（APS）等工具，企业可以实时监控生产进度和物流状态，及时调整计划以应对变化。例如，如果生产计划发生变化，物流管理需要迅速调整物料供应和成品配送，以避免生产中断或库存积压。

（5）现代物流管理越来越依赖于信息技术。通过实施企业资源计划（ERP）系统、仓库管理系统（WMS）和运输管理系统（TMS）等，企业可以实现物流信息的实时共享和流程自动化，提高决策的准确性和响应速度。

5. 信息管理

信息管理在制造系统中扮演着至关重要的角色，它是企业提高生产效率、优化资源配置、增强市场竞争力的关键工具。信息管理的核心在于对生产过程中产生的各种数据进行有效的收集、处理和分析，以确保企业能够基于准确和及时的信息作出明智的决策。

（1）生产数据的管理是信息管理的基础。这包括对生产数量、生产效率、生产进度等关键指标的跟踪和记录。通过对这些数据的实时监控和分析，企业可以及时发现生产过程中的瓶颈和问题，采取措施进行调整和优化，从而提高生产效率和满足客户需求。

（2）质量数据的管理同样重要。它涉及对产品合格率、缺陷类型、返工率等质量指标的监控。通过质量数据分析，企业可以识别质量问题的根源，采取相应的质量改进措施，确保产品质量符合标准，减少返工和退货，提高客户满意度。

（3）设备状态信息的管理对于保持生产连续性和稳定性至关重要。通过实时监控设备的运行状态，如温度、压力、速度等，企业可以预防设备故障，安排及时的维护和保养，减少意外停机时间，延长设备使用寿命。

（4）员工绩效信息的管理有助于企业提升人力资源的利用效率。通过对员工工作表现、生产效率、出勤情况等数据的分析，企业可以实施有效的激励和培训措施，提高员工的工作积极性和技能水平，促进企业的整体绩效。

（5）市场反馈信息的管理对于企业把握市场动态、调整生产和营销策略具有重要意义。通过收集和分析客户的意见和建议，企业可以及时了解市场需求的变化，调整产品特性和服务，更好地满足客户需求，增强市场竞争力。

（四）机械制造系统的特点

机械制造系统是现代工业生产中的关键组成部分，它以高效、精确的方式将原材料转化为具有特定功能和用途的机械产品。这一系统的特点主要包括动态性、离散性和复杂性，这些特性共同决定了机械制造系统的运作方式和管理要求。

1. 动态性

机械制造系统的动态性指的是系统在运行过程中需要不断地适应和响应外部和内部的变化。这些变化可能来自市场需求的波动、新技术的引入、设备故障的出现或原材料供应的不稳定等。系统必须具备实时监控和快速响应的能力，以便在面对这些变化时能够及时调整生产计划、优化资源分配和改进工艺流程。动态性还要求机械制造系统具备一定的冗余和灵活性，以便在出现问题时能够迅速恢复生产，减少停机时间和损失。

2. 离散性

机械制造过程的离散性体现在生产活动的非连续性上。与一些连续生产过程（如化工生产）不同，机械制造通常是由一系列分步骤的活动组成，每一步都针对特定的产品或零件进行专门的操作。例如，一个汽车零件的制造可能包括铸造、机械加工、热处理、表面处理和最终装配等多个阶段。每个阶段都有独特的任务和目标，如确保尺寸精度、表面质量或材料性能等。这种离散性要求机械制造系统能够灵活地适应不同产品的生产需求，并能够针对每个步骤进行优化，以提高整体生产效率和产品质量。

3. 复杂性

机械制造系统的复杂性源于其涉及的多个方面，包括多样化的设备、多种工艺流程和不同技能水平的人员。这些设备可能包括数控机床、自动化装配线、机器人系统和各种检测与测试设备。工艺流程则可能涵盖从原材料准备到成品检验的全过程，每个环节都需要精确的控制和管理。同时，机械制造系统还需要不同专业背景和技能的工程师、技术员和操作工共同协作，以确保生产活动的顺利进行。这种复杂性要求企业建立有效的组织结构和管理体系，以协调不同部门和团队的工作，确保信息流通和决策效率。

第二节　机械制造业及其作用

一、机械制造业

机械制造业是我国经济的基础产业，在发展的时候应不断创新。同时，机械制造业也融入了我国先进技术的成果，能在很大程度上发挥潜在的制造技术的能力。

（一）制造技术

制造技术是现代工业生产的核心，包括一系列将原材料和其他生产要素转化为具有高附加值的成品或半成品的技术。这些技术不仅构成制造企业的技术基础，也是推动企业持续发展和增强竞争力的关键因素。

制造技术的发展受到多种社会因素的影响，如政治环境、经济条件、文化背景等，但科技进步和市场需求变化是最主要的推动力。历史上的重大科技革命，如蒸汽机的发明、电力的广泛应用、电子技术的兴起，以及信息技术革命，都极大地推动了制造技术的进步。

随着科技的发展，制造技术也在不断创新和完善，以满足日益增长和多样化的人类需求。从生产方式的演变来看，制造技术经历了从小批量手工生产到大批量流水线生产，再到多品种变批量生产的过程。这种变化反映了市场对个性化和定制化产品需求的增长，以及企业对市场变化快速响应能力的提高。现代制造技术不仅要保证生产的高效率和高质量，还要具备足够的灵活性和适应性，以应对市场的不断变化。

高新技术的应用，尤其是计算机技术的发展，已经深刻地改变了传统制造技术的面貌。柔性制造系统（FMS）通过集成先进的自动化设备和信息技术，实现了生产过程的高度灵活和可重构。精益生产（LP）则是一种以消除浪费、提高生产效率和质量为目标的管理哲学。智能制造利用物联网、大数据和人工智能等技术，实现了制造过程的智能化和网络化。

（二）机械制造技术类型

机械制造技术是机械产品制造过程中所采用的各种手段的总和，构成实现机械制造过程的基础。在机械加工中，材料的质量和性能通过制造技术的实施而发生变化。从原材料或毛坯到零件的转化过程中，质量的变化可以分为质量不变、质量减少和质量累加三种类型，相应地，机械加工方法则分为材料成形法、材料去除法和材料累加法三种。

1. 材料成形法

材料成形法是将原材料转化为具有特定形状与尺寸的零件的加工方法。在成形过程中，材料的形状发生变化，但其质量基本保持不变。该工艺主要采用热加工形式，适用于制造毛坯或形状复杂、精度要求不高的零件。对于精度要求较高的零件，则采用精密成形工艺。材料成形工艺的特点是材料利用率高，但能量消耗较大。

典型的成形工艺包括铸造、锻造、挤压、冲压、注塑、吹塑、粉末冶金和连接成形（如焊接、黏结、卷边接合、铆接）等。粉末冶金是一种利用金属粉末或金属与非金属粉末混合物作为原料，通过压制、烧结及后处理等工序制造金属制品或金属材料的方法。粉末冶金具有材料利用率高、减少切削加工量、降低制造成本的优点，但产品结构形状有限制，塑性、韧性较差，粉末原材料价格较高，适用于成批或大量生产。

2. 材料去除法

材料去除法通过去除原材料上的一部分材料，以达到设计要求的形状、尺寸和公差。该工艺主要用于提高零件的加工精度和表面质量。材料去除工艺的特点包括资源消耗多、加工周期长、材料浪费严重，但仍是保证零件设计要求的经济工艺方法。材料去除法分为传统切削加工和特种加工。传统切削加工在机床上通过刀具和工件的相对运动实现，而特种加工则利用电能、化学能等能量对材料进行加工，无须直接接触，称为无切削力加工。

特种加工能够解决传统机械加工难以解决的问题，适用于难加工材料和特殊形状零件的加工。特种加工按能量来源和作用形式分类，包括电火花加工、电火花线切割加工、化学加工、电化学加工、电化学机械加工、电接触加工、激光束加工、超声波加工、电子束加工、离子束加工、等离子体加工、电液加工、磨料流加工、磨料喷射加工、液体喷射加工等。

3. 材料累加法

材料累加法是指利用计算机数据模型和自动成形系统，通过材料累加的方法分层制造零件的方法。该工艺适用于制造形状复杂的零件，具有制造周期短、材料利用率高、能量消耗低等优点。材料累加法的典型工艺是快速原型制造技术，它综合了机械工程、数控技术、CAD 与 CAM 技术、激光技术及新型材料技术等，能够快速将设计思想转化为具有一定结构和功能的原型或零件，对提高企业竞争能力具有重要意义。

此外，快速原型制造技术的基本原理是将产品 CAD 的三维实体模型数据转化为一系列二维平面模型的叠加，通过计算机控制制造并联结这些模型，形成三维实体零件。快速原型制造技术的主要方法包括激光立体光刻法、选择性激光烧结法、分层实体制造法和熔融沉积造型法等。

作为快速原型制造技术的一种，3D 打印基于数字模型文件，使用粉末状金属或塑料等材料，通过逐层打印的方式构造物体。3D 打印技术已广泛应用于多个领域，包括珠宝、鞋类、工业设计、建筑、汽车、航空航天、牙科、医疗产业等，其应用范围还在不断扩大。3D 打印技术的成功应用，不仅极大地缩短了产品的研制周期，提高了生产效率，还降低了生产成本，对制造业产生了深远的影响。

（三）机械制造技术的创新

1. 可持续发展是创新的动力与空间

（1）可持续发展理念强调社会、经济、人口、资源和环境之间的协调，以及人的全面发展。人类的生存和繁衍、物质生产以及自然界的资源产出构成了一个相互依存的综合系统。在这个系统中，任何不平衡的发展都可能对整体的持续和健康造成威胁。现代工业生产模式往往以牺牲环境为代价来追求经济增长，这种模式不符合可持续发展的原则。其主要问题包括：①缺乏环保意识，采取"先污染后治理"的短视行为；②回收和再生利用意识不足；③过分重视成本降低而忽视产品的耐用性和可维修性；④以高资源消耗为代价的过度消费。此外，环境立法不健全、企业文化缺乏环保理念、环境教育不足也是导致某些生产模式不可持续的原因。这些问题促使人们寻求突破传统制造模式，探索新型的、可持续的制造方式。

（2）可持续发展的理念为制造技术的创新提供了广阔的空间和强大的动力。为了实现可持续制造，必须从基础理论和工艺技术两个方面进行突破性研究，这其中主要包括发展工业生态学、生态型制造技术、干式切削与磨削技术、旨在延长产品生命周期的设计和制造技术、生长型制造技术的实用化，以及以人为中心的文化主导型制造技术，这些技术旨在协调环境与文化要求，实现经济、社会、资源与环境的和谐共生。

随着可持续发展理念深入人心，生产模式正在经历一场深刻的变革，从依赖资源消耗的传统发展模式，转变为以技术创新为驱动力的发展模式。这种新模式强调经济、社会、资源与环境的协调发展，从以往物质短缺时代的大量生产模式，转变为物质丰富时代的循环制造新模式。循环制造模式强调产品的循环利用和资源的高效使用，减少废物产生，促进环境的保护和资源的节约。

2. 知识化是创新的资源

知识化是制造技术创新的关键资源。在产品市场日益国际化和竞争激烈的背景下，产品功能的集成化和复合化趋势不断加强，新产品的开发对知识的需求量日益增加，尤其是对高新技术知识的需求。技术创新和工艺创新在很大程度上依赖于科学知识、工程技术知识、管理知识和经济知识的积累与综合运用。其中，科学知识和工程技术知识构成了制造技术创新的核心基础。在制造技术创新过程中，所需的知识可以进一步划分为主导知识和辅助知识两类。

主导知识涉及制造领域的机理、规律、技术、技能、装置和系统等方面，既包括可量化的知识，也包括难以量化的知识，如实践经验等。这种主导知识具有动态特性，随着科学技术的不断进步，它也在不断地更新和演进。

辅助知识包括广泛的知识领域，如计算机科学、信息论、生态学、管理科学等，它们虽然不是直接针对制造过程，但对主导知识的现代化和创新具有重要的促进作用。辅助知识帮助主导知识保持现代性和创新性，两者共同构成制造技术创新的宝贵资源。

为了实现有深度和具有广泛应用前景的创新成果，必须充分理解和掌握主导知识，并结合所需的辅助知识。这种知识化的趋势要求制造企业不仅要关注技术创新本身，还要注重知识的积累和人才培养，以确保在激烈的市场竞争中保持竞争优势。通过整合和应用主导知识与辅助知识，制造企业能够开发出更加先进、高效和可持续的制造技术和产品，以满足市场需求，推动行业进步。

3. 数字化是创新的手段

（1）数字化不仅改变了产品设计、生产、管理和服务的方式，而且极大地提高了制造业的效率和质量，为制造业的全球化发展奠定了坚实的基础。数字化制造技术的兴起，得益于计算几何、计算力学等先驱学科的发展。这些学科的研究成果为制造技术的数字化转型提供了理论和方法论的支持。在此基础上，计算切削工艺学、计算制造、数字化制造等新兴领域相继出现，它们利用计算机模拟和数字技术，优化制造过程，提高生产效率和产品质量。新型材料零件的数字化设计与制造更是将材料科学与先进制造技术相结合，推动制造业向更高层次发展。

（2）数字化制造的一个重要方面是计算机网络的应用。计算机网络技术的发展，为数字化信息的快速传递提供了技术手段，使得"光速贸易"成为可能。通过网络，制造企业可以实时获取市场信息、客户需求和竞争对手动态，从而快速响应市场变化，调整生产策略。同时，网络技术也促进了全球化制造的实现，企业可以通过网络连接全球的供应商、合作伙伴和客户，实现资源的全球优化配置和共享。

（3）数字化制造还为制造技术的创新提供了丰富的土壤。通过网络，工程师和研究人员可以快速获取最新的技术信息和研究成果，促进知识的交流和创新思维的碰撞。数字化平台也为新产品的设计、测试和优化提供了强大的工具，使产品开发周期大大缩短，新产品上市速度加快。

4. 可视化是创新的虚拟检验

（1）虚拟现实（VR）技术的迅猛发展为实用性技术的创新带来了革命性的变化。VR 技术的核心优势在于其提供的沉浸式体验和高度交互性，这使得设计师和工程师能够在一个三维的、可视化的环境中进行创新和测试，极大地提高了设计效率和产品质量。在传统的产品开发流程中，设计师往往需要通过物理原型来测试和验证设计概念，但这不仅成本高昂，而且耗时较长。

（2）VR技术的另一个重要应用是技术的虚拟检验。在这一过程中，工程师可以利用VR头盔和手套等设备，进入一个与真实世界几乎无法区分的虚拟环境，对产品进行细致的检查和测试。例如，他们可以模拟产品的使用过程，检测可能出现的噪声、温度变化、力的变化、磨损和振动等问题。这种模拟测试可以在产品设计阶段就发现潜在的问题，从而避免在生产阶段进行昂贵的检验修改。

（3）VR技术还能够将人的创新思维转化为可视化的虚拟实体。设计师可以在虚拟环境中自由地创造和操纵各种形状和结构，将抽象的想法具象化，从而更容易理解和沟通。这种可视化的过程不仅可以促进设计师之间的协作，还可以激发新的创意和灵感，推动创新思维的进一步升华。

二、机械制造业在国民经济中的作用

机械制造业作为国家经济体系中的核心部分，承载着推动国家工业化和现代化的重要使命。它不仅是工业基础的重要构成，也是衡量一个国家经济实力和科技水平的重要标志。机械制造业的发展水平和质量直接关系到国民经济能否持续健康发展，以及国家在全球经济中的竞争力。

（一）机械制造业的经济贡献

机械制造业是国民经济的物质基础，它通过生产各种机械设备和产品，为其他产业提供必要的物质技术条件。这些设备和产品广泛应用于能源、交通、建筑、农业、信息技术等多个领域，是其他产业发展的前提和保障。机械制造业的健康发展，能够有效地促进产业结构的优化升级，提高产业链的整体效率和附加值。此外，机械制造业本身也是一个庞大的产业集群，包括了众多的子行业和细分市场，如重型机械、汽车制造、电气设备、仪器仪表等。这些子行业之间的相互协作和竞争，推动整个产业的技术进步和创新活动，从而带动整个国民经济的增长。

（二）技术创新的推动者

机械制造业是技术创新的重要发源地。在现代经济体系中，技术创新是推动经济增长的关键因素。机械制造业通过不断的技术革新和产品升级，引领了新材料、新工艺、新设备的应用和发展。例如，数控机床的发展极大地提高了制造业的生产效率和产品质量；工业机器人的应用则在很大程度上改变了传统的生产模式和劳动结构。同时，机械制造业的技术创新还能够带动相关领域的技术进步，如信息技术、新能源技术、环保技术等。这些技术的交叉融合，不仅能够推动机械制造业自身的发展，还能够为其他产业提供技术支持和解决方案，促进整个社会的科技进步和产业升级。

（三）国际竞争力的提升

在全球化经济背景下，机械制造业的国际竞争力对于一个国家的经济地位至关重要。一个国家机械制造业的竞争力强，不仅能够保证国内市场需求的满足，还能够在国际市场上占据有利地位，获取更多的市场份额和利润。机械制造业的国际竞争力体现在产品质量、品牌影响力、成本控制、服务水平等多个方面。通过不断的技术创新和管理优化，机械制造业能够提高产品质量，降低生产成本，提升服务水平，从而增强一个企业甚至一个国家在国际市场上的竞争力。

（四）国家经济安全的重要保障

机械制造业还承担着保障国家经济安全的重要职责。在关键的基础设施建设、重大工程项目、国防科技工业等领域，机械制造业提供了大量的关键设备和技术。这些设备和技术的自主可控，对于保障国家的经济独立和安全至关重要。此外，机械制造业还能够通过技术引进和国际合作，促进国内技术的消化吸收和再创新，提高国家的科技实力和国际影响力。

第三节　机械制造技术的产生与发展

一、机械制造技术的特点和产生

机械工业作为国民经济的支柱产业，其发展水平直接关系到国家的经济实力和工业竞争力。现代机械制造技术，以其高质量、高效率、低能耗、清洁生产和生产灵活性等特点，已成为推动机械工业发展的关键因素。在工业发达国家，这些先进的制造技术已经得到广泛的应用和发展，极大地提升了生产能力和产品质量，同时也降低了生产成本和环境污染。

（一）机械制造技术的特点

现代机械制造技术是工业发展的重要推动力，它具有先进性、前沿性、实用性等特点。

1. 先进性

先进性在现代机械制造技术中体现在以下方面：

（1）优质。现代制造技术整机的结构设计合理，外观美观，可靠性高，它包括精确的尺寸、光洁的表面、致密的内部结构以及无缺陷和杂质，从而保证产品的良好使用性能。

（2）高效。现代制造技术显著提高了生产效率，减轻了操作者的劳动强度，并且在产品开发过程中提升了开发效率和质量，缩短了生产准备时间。

（3）低耗。现代制造技术的应用有助于降低原材料和能源的消耗，实现更加节约的生产过程。

（4）洁净。现代制造技术注重环境保护，力求实现生产过程中有害废弃物的零排放或少排放，减少对环境的影响。

（5）灵活。现代制造技术能够迅速适应市场变化和产品设计的更改，满足多品种、小批量的柔性生产需求。

2. 前沿性

现代机械制造技术的前沿性主要体现在其融合了信息技术和其他高新技术，这些技术的结合推动了传统制造技术的根本变革。在这个过程中，数字化、网络化和智能化成为现代机械制造技术发展的核心特征。

（1）数字化技术。如计算机辅助设计（CAD）和计算机辅助制造（CAM），使得产品设计和生产过程更加精确和高效。通过这些技术，设计师可以在虚拟环境中模拟产品的性能，优化设计，而生产过程中的自动化设备能够根据设计数据精确地加工零件。

（2）网络化技术。尤其是物联网的应用，使得制造设备能够实时收集和传输数据，实现远程监控和维护。这不仅提高了生产过程的透明度，也为预测性维护和资源优化提供了可能。

（3）智能化技术。如人工智能和机器学习，正在改变机械制造的方式。智能系统能够自动调整生产参数，优化生产流程，甚至在某些情况下实现自我学习和自我优化。

未来，随着这些技术的成熟和成本的降低，可以预见它们将在机械制造领域得到更广泛的应用。这不仅能提高生产效率和产品质量，还能推动制造业向更加绿色、可持续的方向发展。因此，现代机械制造技术的前沿性不仅是当前技术进步的标志，也是未来发展的方向。

3. 实用性

现代制造技术的实用性是其在工业生产中得以广泛应用的关键因素。这些技术不仅是理论上的创新，更是在实际操作中能够带来显著效益的实用工具。随着工业生产的多样化和个性化需求日益增长，现代制造技术展现出了强大的适应性和灵活性。

（1）现代制造技术涵盖从基础的加工工艺到高端的自动化和智能化系统的广泛领域。这些技术能够根据不同机械工厂的生产需求，提供定制化的解决方案。无论是大型的工业企业还是小型的作坊式工厂，都能找到适合自己的现代制造技术，以提高生产效率和产品质量。

（2）现代制造技术的发展紧跟工业生产的最新趋势。随着新材料、新能源和信息技术的不断涌现，现代制造技术也在不断地融合这些创新元素，以满足工业生产对新技术的需求。例如，通过引入物联网技术，制造过程可以实现更加智能化的监控和管理，从而优化生产流程，减少资源浪费。

（3）现代制造技术还注重操作的简便性和维护的便捷性。技术的易用性使得工厂操作人员能够快速掌握并有效运用，减少了培训成本和时间。同时，技术的可维护性也确保了生产设备的稳定运行，降低了故障率，提高了生产的连续性和可靠性。

（二）机械制造技术的产生背景与产生方式

1. 产生背景

现代机械制造技术的发展受到多方面因素的影响，其中最主要的是机械产品更新换代的加速以及市场竞争的加剧。

（1）随着科技的进步和消费者需求的多样化，机械产品的更新换代速度日益加快。新产品的研发周期缩短，产品的功能更加强大，结构更加复杂，对精度和性能的要求也更高。例如，在航空航天、汽车制造、医疗器械等领域，对机械产品的性能、可靠性和寿命有着极为严格的要求。这就要求机械制造技术必须不断革新，以满足消费者日益增长的需求。机械制造技术必须能够精确控制大型、复杂的机械组件，同时也要保证产品的高效能和高参数运行。

（2）市场竞争的加剧迫使制造业不断寻求新的经营战略，以提高市场响应速度、提升产品质量、降低生产成本，并提供优质的售后服务。在这种背景下，机械制造技术的发展不仅要注重技术创新，还要注重生产过程的优化和管理的改进。企业需要采用先进的制造技术，如数控加工、柔性制造系统、精益生产等，以提高生产效率和产品质量，缩短产品从设计到市场的时间。同时，还要通过采用节能和环保的制造技术，降低能耗和减少废弃物，以降低生产成本并满足日益严格的环境法规要求。

（3）现代机械制造技术还必须具备高度的灵活性，以适应市场变化和个性化需求。这包括能够快速调整生产线、适应新产品的开发和生产，以及能够灵活应对小批量、多品种的生产需求。这种灵活性可以通过引入模块化设计、自动化装配线和智能制造系统等技术来实现。

2. 产生方式

现代机械制造技术是在传统机械制造技术的基础上，通过不断吸收和融合高新技术成果而发展起来的。这一过程主要通过以下方式实现：

（1）常规制造过程优化。常规制造过程的优化是指在保持传统制造原理不变的基础上，通过改进工艺条件和参数，提高制造效率和产品质量的过程。这种优化可能涉及对现有设备的改造升级，或是对工艺流程的重新设计。例如，通过采用更精确的测量工具和检测方法，可以提高产品的精度和一致性。此外，优化还可能包括对材料选择、切削参数、热处理过程等方面的调整，以减少材料浪费、提高生产速度和降低能耗。这些改进虽然看似微小，但在大规模生产中却能带来显著的经济和质量效益。

（2）与高新技术相结合。高新技术的发展为现代机械制造技术的进步提供了强大的动力。新能源、新材料、微电子技术和计算机技术等的引入，极大地扩展了制造技术的可能性。例如，激光切割和焊接技术的应用，使得加工过程更加精确、高效，同时减少了对材料的热影响。电子束和离子束加工技术则能够在微观尺度上进行精密加工，以适用于航空航天等领域对材料性能有特殊要求的场合。

计算机技术，尤其是数控加工技术在制造领域的应用，使得机械制造进入一个新的时代。数控机床能够根据预设的程序自动完成复杂的加工任务，提高生产效率和加工精度。现代机械制造技术的发展还体现在对高新技术产业化的支持上。随着高新技术的产业化，对精密、高效、智能化的制造装备的需求日益增长。现代机械制造技术不仅要满足这些需求，还要不断创新，以适应不断变化的市场和技术发展。

二、机械制造技术的发展

（一）利用自动化技术，实现制造自动化

"随着信息技术的崛起，在机械制造领域引入先进电子技术，从而实现全自动的智能化机械制造已经成为各大国家工业化发展主流。"[①] 微电子、计算机和自动化技术的融合，推动了制造自动化的发展，形成三个主要的自动化范畴：制造技术自动化、制造过程自动化和制造系统自动化。

1. 制造技术自动化

利用计算机技术和网络技术，建立了一系列的计算机辅助系统，如计算机辅助设计（CAD）、计算机辅助工艺过程设计（CAPP）、计算机辅助工程分析

---

① 郭江龙，张春晖. 机电一体化与机械制造智能化技术结合的发展研究［J］. 有色金属工程，2023，13（1）：4.

（CAE）、计算机辅助制造（CAM）、产品数据管理（PDM）、管理信息系统（MIS）和企业资源计划（ERP）。这些系统使得制造过程中信息的生成和处理变得更加高效和迅速。

2. 制造过程自动化

通过应用集成电路、可编程逻辑控制器（PLC）、计算机等先进的控制组件和设备，实现了工艺设备的单机、生产线或整个系统的自动化控制。结合新型传感技术、无损检测技术、理化检验技术以及计算机和微电子技术，可以实时测量并监控工艺过程中的各种参数，如温度、压力、位移、应力、应变、振动等。这些技术的集成实现了在线测量和测试的电子化、数字化和计算机化，以及工艺参数的闭环控制，从而达到自适应控制的目的。

3. 制造系统自动化

通过综合应用数控技术、机器人技术、自动化搬运和仓储技术，以及自动化单元技术，制造过程从单机到整个系统，从刚性到柔性，从简单到复杂，形成不同层次的柔性自动化系统。这些系统包括数控机床（CNC）、加工中心（MC）、柔性制造单元（FMC）、柔性制造系统（FMS）和柔性生产线（FML）。最终，这些技术的发展汇聚为计算机集成制造系统（CIMS）和智能制造系统（IMS）的形成。

这些自动化技术的应用不仅提高了生产效率和产品质量，还增强了制造系统的灵活性和适应性，使得制造业能够更好地响应市场变化和个性化需求。随着技术的不断进步，未来的制造系统将更加智能化、网络化和集成化，为制造业的持续发展提供强有力的支持。

（二）利用计算机技术，实现柔性制造

制造过程是受到市场需求驱动的，并且是一个严格控制的过程。随着物质生活水平的提高和市场竞争的日益激烈，消费者的需求变得更加多样化和个性化。这种多样化的需求对传统的大规模生产方式提出了挑战，促使制造业向更加灵活、高效的生产模式转变。在这种背景下，柔性制造的概念和技术应运而生，旨在实现在低成本、高质量、高效率的条件下进行多品种、中小批量的自动化生产。

柔性制造系统是将"柔性"和"自动化"两个概念相结合的产物，其主要特征和效果体现在以下方面：

1. 多品种、中小批量生产

柔性制造系统能够灵活地适应市场需求的变化，通过快速调整生产线来应对不同产品的生产需求。这种生产方式充分满足了市场对于多样化产品的需求，同时也减少了因生产单一品种而导致的资源浪费。

2. 提高机床利用率和降低生产成本

在柔性制造系统中，机床和其他生产设备通过自动化技术得到高效利用，辅助时间的缩短减少了生产中的非生产时间，从而显著降低了生产成本。

3. 缩短生产周期和减少库存

柔性制造系统通过自动化和优化生产流程，大幅缩短了产品的生产周期。同时，由于生产更加灵活，库存量得以减少，这不仅降低了库存成本，也提高了资金的流动性和企业的市场响应能力。

4. 提高自动化水平和改善生产环境

柔性制造系统的应用极大地提高了生产的自动化水平，减轻了工人的劳动强度。自动化生产线的精确性和重复性保证了产品质量的稳定性和可靠性。此外，自动化生产减少了人工操作，改善了工作环境，降低了工作场所的安全风险。

（三）加工与设计之间趋向一体化

随着技术的不断进步，制造业正在经历一场深刻的变革。先进的制造技术，如计算机辅助设计/计算机辅助制造（CAD/CAM）、柔性制造系统、计算机集成制造系统、并行工程（CE）以及快速原型技术（RP），正在逐步改变传统的加工和设计流程，推动制造业向更高效率、更高质量的方向发展。

1. CAD/CAM 技术是制造业中的一项革命性进步

它将设计和制造过程紧密结合起来。通过使用计算机辅助软件，设计师可以在虚拟环境中创建和修改产品设计，而这些设计可以直接用于指导制造过程。这种技术的应用大大减少了从设计到生产的时间，提高了生产效率，并减少了错误和返工的可能性。

2. 柔性制造系统和计算机集成制造系统则是将制造过程中的各个环节，如加工、检测、物流和装配等，通过高度自动化和信息化的方式集成起来

柔性制造系统通过使用机器人、数控机床和其他自动化设备，实现了生产线的柔性化和自动化。计算机集成制造系统则进一步将信息技术和管理技术融入制造过程中，实现了整个制造系统的智能化和集成化。

3. 并行工程是一种组织生产的方法

它允许设计、制造和测试等不同阶段的工作同时进行，而不是按照传统的顺序步骤进行。这种方法可以显著缩短产品的研发周期，加快产品上市的速度。

4. 快速原型技术则是一种能够快速制造原型零件的技术

它通过堆积材料的方式来创建物理模型。这种技术使得设计师可以在短时间内评估和测试设计的可行性，从而加快产品开发过程。

这些先进技术的出现和发展，使得传统的加工和设计之间的界限变得模糊，甚至消失。非常规加工方法，如激光切割、电化学加工等，也在不断推动冷加工和热加工之间的界限变得模糊。同时，检测过程、物流过程和装配过程也在逐渐集成到统一的制造系统中，实现了制造过程的全面自动化和信息化。

（四）机械加工技术向超精密、超高速方向发展

随着科技的进步，超精密加工技术已经进入了纳米时代，这样的精度水平对于制造高精度的光学元件、微型机械系统（MEMS）、半导体器件等至关重要。

第一，精密切削加工技术的发展趋势是向着更短波长的光源趋近，如从红外波段向可见光波段，甚至不可见的紫外线和 X 射线波段发展。这样的趋势是由于不同波长的光具有不同的特性，例如，较短波长的光可以提供更高的能量，从而实现更精细的加工。此外，超精密加工机床也在不断向多功能模块化方向发展，这样的机床可以适应不同的加工需求，提高生产效率和灵活性。

第二，在超精加工材料方面，传统的金属材料仍然是主要的加工对象，但现

在已经扩大到非金属材料,如陶瓷、塑料、玻璃等。这些非金属材料在某些领域具有独特的性能优势,例如,陶瓷材料具有良好的耐磨性和高温稳定性,而塑料和玻璃则在光学和电子领域有着广泛的应用。

第三,超高速切削技术是另一个重要的发展趋势,它通过显著提高切削速度来提高加工效率和质量。目前,超高速切削铝合金的速度已经超过 1600m/min,而铸铁的切削速度也达到了 1500m/min。这种高速切削技术能够有效地解决一些难加工材料的加工问题,如难加工的高温合金、复合材料等。超高速切削技术不仅提高了生产效率,还能减少加工过程中的热损伤和刀具磨损,提高加工表面的质量。

(五) 先进制造生产模式不断革新发展

先进制造技术系统是一个高度集成的体系,不仅包括先进的技术设备和工艺,还涵盖了与之相适应的人员和组织结构。这个系统的成功运作依赖于技术、人员和组织三者之间的有效整合。只有当这三者达到高度协同,才能充分发挥先进制造技术系统的潜力,从而满足市场需求,提高生产效率和产品质量。为了实现这一目标,先进制造工艺必须与信息技术和现代管理技术紧密结合。这意味着制造企业需要不断探索和创新,以适应市场快速变化的需求,包括采用灵活的生产策略,如柔性生产、及时生产、精益生产等。这些策略能够使企业快速响应市场变化,减少库存,降低成本,提高生产效率。

第一,柔性生产系统允许生产线快速适应不同产品的生产需求。通过自动化设备和计算机控制系统,实现多品种、中小批量的生产。及时生产(JIT)强调生产过程中的"刚好及时"原则,减少不必要的库存和浪费,提高资金周转效率。精益生产(LP)侧重于消除生产过程中的一切浪费,通过持续改进和优化流程,实现高质量、低成本的生产。

第二,敏捷制造和并行工程更加注重快速创新和产品开发。敏捷制造强调企业的快速反应能力和创新能力,以便在竞争激烈的市场中保持优势。并行工程则是一种组织产品开发的方式,它允许不同阶段的工作(如设计、分析、制造和测试)同时进行,大大缩短产品从概念到市场的时间。

第三,分散网络化制造(DNM)利用互联网和信息技术,将分散在不同地理位置的制造资源和能力通过网络连接起来，实现资源共享和协同工作，提高生产效率和灵活性。

这些先进制造生产模式的发展，不仅提高了制造工艺的使用效果，还促进了制造工艺的不断革新与发展。随着信息技术的快速发展和全球化趋势的加强，未来的制造企业将更加依赖于这些先进的生产模式，以保持其在全球市场中的竞争力。通过持续的技术创新和管理模式的改进，先进制造技术系统将继续推动制造业向更高水平的自动化、智能化和网络化发展。

（六）计算机的应用，使机械制造向智能化方向发展

人工智能（AI）技术的快速发展和广泛应用，已经对机械制造行业产生了深远的影响。AI 技术通过模拟和扩展人类的认知和决策过程，延伸和加强了人的部分脑力劳动，甚至在某些情况下取代了人类的工作。这种技术的应用催生了"智能制造"的概念，它代表着制造业的未来发展方向。智能制造是指利用先进的信息技术和智能系统，实现制造过程的自动化、智能化和最优化。在这一背景下，人工智能技术，尤其是专家系统，成为实现制造过程自动化和计算机化的重要工具。专家系统是一种模拟人类专家决策能力的计算机程序，它能够利用大量的专业知识和经验来解决特定领域的问题。

第一，在机械制造领域，专家系统的应用非常广泛。例如，工艺规程编制专家系统能够根据产品的设计要求和制造资源，自动生成最优的加工工艺流程。设计专家系统能够辅助工程师进行产品设计，提供设计建议和解决方案，甚至在某些情况下独立完成设计任务。测试、控制与诊断专家系统则能够对制造过程中的设备运行状态进行实时监控和分析，及时发现并解决潜在的问题，确保生产过程的稳定和产品质量。

第二，CAD/CAM 智能一体化技术通过集成计算机辅助设计和计算机辅助制造，实现了从设计到生产的无缝对接，提高了生产效率和产品质量。智能机器人的应用则进一步提升了生产线的自动化水平，它们能够执行复杂的装配任务，甚至在一些高危或恶劣环境下替代人工作业。

随着人工智能技术的不断进步，机械制造领域的 AI 应用也在不断拓展。深

度学习、自然语言处理、图像识别等 AI 技术正在被应用于机械制造的各个环节，从产品设计到生产计划，从质量控制到设备维护，AI 技术都在发挥着越来越重要的作用。人工智能在机械制造中的应用，不仅提高了生产效率和产品质量，还降低了生产成本和人力资源需求。它使得制造过程更加灵活和智能，能够快速响应市场变化和个性化需求。未来，随着 AI 技术的进一步发展，机械制造行业将迎来更加智能化、自动化和个性化的新时代。智能工厂和智能制造将成为常态，为制造业的持续发展和全球竞争力的提升提供强有力的支持。

第二章　机械制造金属切削原理

第一节　金属切削刀具

一、刀具材料

（一）刀具材料的性能

金属切削时，刀具切削部分直接和工件及切屑相接触，承受着很大的切削载荷和冲击，并受到工件和切屑的剧烈摩擦，产生很高的切削温度，即刀具切削部分是在高温、高压及剧烈摩擦的恶劣条件下工作的。因此，刀具切削部分材料应具备以下性能。

1. 高硬度和耐磨性

硬度是刀具材料应具备的基本特性。刀具要从工件上切下切屑，其硬度必须比工件材料的硬度大。耐磨性是指材料抵抗磨损的能力，它与材料硬度、强度和组织结构有关。一般来说，刀具材料的硬度越高，耐磨性就越好。组织中硬质点的硬度越高，数量越多，颗粒越小，分布越均匀，则耐磨性越高。但刀具材料的耐磨性不仅取决于它的硬度，也和它的化学成分、强度、纤维组织及摩擦区的温度有关。

2. 足够的强度和韧性

切削时刀具要承受较大的切削力、冲击和振动，为避免崩刀和折断，刀具材料应具有足够的强度和韧性。

3. 较高的耐热性

耐热性是衡量刀具材料切削性能的主要标志。它是指刀具材料在高温下保持高硬度、耐磨性、强度和韧性的性能。通常把材料在高温下仍保持高硬度的能力称为热硬性，它是刀具材料保持切削性能的必备条件。刀具材料的高温硬度越高，耐热性越好，允许的切削速度就越高。

4. 导热性好

刀具材料的导热性越好，切削热越容易从切削区散走，有利于降低切削温度。刀具材料的导热性用热导率表示。热导率大，表示导热性好，切削时产生的热量就容易传散出去，从而降低切削部分的温度，减轻刀具磨损。

5. 具有良好的工艺性和经济性

刀具材料本身的可切削性能、耐磨性能、热处理性能、焊接性能等要好，以便制造成各种刀具，而且要追求高的性价比。

（二）刀具材料的分类

金属切削刀具材料包括工具钢、高速钢、硬质合金、涂层刀具、金属陶瓷、陶瓷和超硬材料等。其中，高速钢、硬质合金和涂层刀具是目前最常用的刀具材料。

1. 高速钢

高速钢是一种加入了较多的钨、钼、铬、钒等合金元素的高合金工具钢。高速钢有较高的强度，抗弯强度是硬质合金的 2~3 倍；韧度比硬质合金高几十倍。高速钢的硬度在 63HRA 以上，且有较好的耐热性，在切削温度达到 500~650℃ 时，尚能进行切削。高速钢可加工性好，热处理变形较小，常用于制造各种复杂刀具。高速钢刀具可以加工从非铁金属到高温合金的各种材料。

2. 硬质合金

硬质合金是用高硬度、高熔点的金属碳化物粉末和金属黏结剂经高压成形后，再在高温下烧结而成的粉末冶金制品。硬质合金中的金属碳化物熔点高、硬度高、化学稳定性与热稳定性好，因此，硬质合金的硬度、耐磨性、耐热性都很高，允许的切削速度远高于高速钢，加工效率高且能切削诸如淬火钢等硬材料。硬质合金的不足是与高速钢相比，其抗弯强度较低、脆性较大，抗振动和冲击性能也较差。硬质合金因其切削性能优良而被广泛用来制作各种刀具。在我国，绝大多数车刀、端铣刀和深孔钻都采用硬质合金制造。目前，一些较复杂的刀具，如立铣刀、孔加工刀具等也开始采用硬质合金制造。

硬质合金的常温硬度很高，耐熔性好，热硬性可达 800~1000℃ 以上，允许的切削速度比高速钢提高 4~7 倍，刀具寿命比高速钢高 5~8 倍，是目前切削加工中用量仅次于高速钢的主要刀具材料。但它的抗弯强度和韧性均较低，性脆，怕冲击和振动，工艺性也不如高速钢。目前常用的硬质合金主要有钨钴类、钨钛钴类和钨钛钽钴类三大类。

3. 涂层刀具材料

涂层刀具是在韧性较好的硬质合金基体上，或在高速钢刀具基体上，涂覆一薄层耐磨性高的难熔金属化合物而获得的。涂层硬质合金一般采用化学气相沉积法，沉积温度在 1000℃ 左右；涂层高速钢刀具一般采用物理气相沉积法，沉积温度在 500℃ 左右。

4. 陶瓷刀具材料

陶瓷刀具材料的主要成分是硬度和熔点都很高的 Al_2O_3、Si_3N_4 等氧化物、氮化物，再加入少量的金属碳化物、氧化物或纯金属等添加剂，采用粉末冶金工艺方法经制粉、压制烧结而成。

陶瓷刀具有很高的硬度和耐热性，在 1200℃ 的温度下仍能切削，耐磨性和化学惰性好，摩擦系数小，抗黏结和扩散磨损能力强，因而能以更高的速度切削，并可切削难加工的高硬度材料。陶瓷刀具的最大缺点是脆性大，抗弯强度和冲击韧度低，承受冲击负荷的能力差。陶瓷刀具主要用于对钢料、铸铁、高硬材料连续切削的半精加工或精加工。

5. 超硬刀具材料

超硬刀具材料包括天然金刚石、聚晶金刚石和聚晶立方氮化硼三种。金刚石刀具主要用于加工高精度及粗糙度很低的非铁金属、耐磨材料和塑料，如铝及铝合金、黄铜、预烧结的硬质合金和陶瓷、石墨、玻璃纤维、橡胶及塑料等。立方氮化硼主要用于加工淬硬钢、喷涂材料、冷硬铸铁和耐热合金等。

二、典型切削刀具

(一) 车刀

车刀是指被应用于车床的各类切削刀具,是切削加工中结构最简单、应用最广泛的一种刀具。

1. 按车刀的用途不同分类

车刀的种类非常丰富,按车刀的用途不同可将其分为外圆车刀、端面车刀、切断刀、切槽刀、内孔车刀、成形车刀和螺纹车刀等。

(1) 外圆车刀。主偏角一般取 75° 和 90°,外圆车刀用于车削外圆表面和台阶。

(2) 端面车刀。主偏角一般取 45°,端面车刀用于车削端面和倒角,也可用来车外圆。

(3) 切断刀、切槽刀。切断刀、切槽刀用于切断工件或车沟槽。

(4) 内孔车刀。内孔车刀用于车削工件的内圆表面,如圆柱孔、圆锥孔等。

(5) 成形车刀。成形车刀有凹、凸之分,用于车削圆角和圆槽或者各种特形面。

(6) 内、外螺纹车刀。内、外螺纹车刀用于车削内圆表面的螺纹和外圆表面的螺纹。

2. 按车刀的结构不同分类

车刀按结构不同可分为焊接式车刀、机夹式车刀和可转位式车刀。

(1) 焊接式车刀。硬质合金焊接车刀是将硬质合金刀片钎焊在刀杆槽内的车刀。焊接车刀的质量和使用寿命与刀片选择、刀槽形式、刀片在刀槽中的位置、刀具几何参数、焊接工艺和刃磨质量有密切关系。

焊接式车刀的刀槽可分为开口型、半封闭型、封闭型和嵌入型。开口型制造简单,常用于外圆车刀、弯头车刀和切槽车刀。半封闭型焊接面积较大,刀片焊接比较牢固,常用于 90° 外圆车刀、内孔车刀。封闭型和嵌入型刀片焊接牢靠,主要用于刀片底面积较小的车刀,如螺纹车刀、切断车刀等。

刀片在刀槽中的安装位置应使刃磨面积减小和可重磨的次数增多。一般车刀同时刃磨前刀面和后刀面，因此刀片应平放，并作出刀槽前角。其目的是提高刃磨效率和减少磨削砂轮的消耗。

（2）机夹式车刀。机夹式车刀是指采用机械夹固方法将预先加工好的但不能转位使用的刀片夹紧在刀杆上的车刀。机夹式车刀刀刃磨损后可进行多次重磨后继续使用。如带有压制好断屑槽的刀片不能进行重磨。目前，常用机夹式车刀主要有切断车刀、切槽车刀、螺纹车刀、大型车刀和金刚石车刀等。

机夹式车刀要求刀片夹固可靠，重磨后能调整切削刃位置，结构简单和断屑可靠。常用的夹紧结构有上压式、自锁式和弹性压紧式。

（3）可转位式车刀。可转位式车刀是指用机械夹固的方法，将可转位刀片夹紧后固定在刀柄上的车刀，主要由可转位刀片、刀垫、杠杆、螺钉和刀柄组成。

可转位刀片的优点包括：①具有合理的槽形和几何参数，可以提高刀具的寿命；②刀刃磨钝后，可转变刀刃位置，快速更换新的刀刃；③刀片上所有的切削刃损坏后，刀片的更换比较方便；④便于在刀片上使用各种涂层刀具材料，选用较高的切削用量；⑤能实现标准化，一刀多用。

可转位式车刀虽然具有诸多优点，但是由于受到刀具结构、制造工艺等限制，可转位结构还不能满足部分刀片的需要，因此可转位式车刀还不能完全取代焊接式车刀和机夹式车刀。可转位式车刀的类型有外圆车刀、端面车刀、内孔车刀、切断车刀和螺纹车刀等，选用方法与焊接式车刀类似。

（二）铣刀

铣削是被广泛使用的一种利用多齿旋转刀具进行切削加工的方法，主要用于加工平面、台阶面、沟槽、成形表面和切断等。铣刀的种类繁多，但从结构实质上可看成是分布在圆柱体、圆锥体或特形回转体的外缘或端面上的切削刃或镶装上刀齿的多齿刀具，因此铣削属于断续切削。每一个刀齿相当于一把车刀，其切削加工特点与车削加工基本相同。在铣削加工中，用圆柱铣刀和端铣刀铣削平面具有代表性，故在讨论铣削原理和铣刀的几何角度时以这两种刀具为主。

1. 铣刀的类型

铣刀按其用途大体上可分为以下类型：

（1）圆柱铣刀。圆柱铣刀用在卧式铣床上加工平面，主要用高速钢制造，也可以镶焊螺旋形的硬质合金刀片。螺旋形切削刃分布在圆柱表面，没有副切削刃。螺旋形的刀齿切削时是逐渐切入和脱离工件的，所以切削过程较平稳，一般适合加工宽度小于铣刀长度的狭长平面。

（2）面铣刀。面铣刀又称端铣刀，它用在立式铣床上加工平面，铣刀的轴线垂直于被加工表面。面铣刀的主切削刃位于圆柱或圆锥的表面，副切削刃位于圆柱或圆锥的端面。用面铣刀加工平面时，由于同时参加切削的齿数较多，又有副切削刃的修光作用，因此已加工表面粗糙度小。小直径的面铣刀一般用高速钢制成整体式，大直径的面铣刀是在刀体上焊接硬质合金刀片，或采用机械夹固式可转位硬质合金刀片。

（3）立铣刀。立铣刀相当于带柄的小直径圆柱铣刀，一般由三到四个刀齿组成。用于加工平面、台阶、槽和相互垂直的平面，利用锥柄或直柄紧固在机床主轴中。其主切削刃位于圆周面，端面上的切削刃是副切削刃，故切削时一般不宜沿轴线方向进给。用立铣刀铣槽时槽宽有扩张，故应取直径比槽宽略小的铣刀。

（4）键槽铣刀。键槽铣刀主要用来加工圆头封闭键槽。外形类似立铣刀，有两个刀齿，端面切削刃为主切削刃，圆周的切削刃是副切削刃。其他槽类铣刀还有 T 形槽铣刀和燕尾槽铣刀等。

（5）成形铣刀。成形铣刀是在铣床上用于加工成形表面的刀具，是为特定形状的工件或加工表面专门设计制造的，其刀齿廓形要根据被加工工件的廓形来确定。

2. 铣削用量

铣削用量应当根据工件的加工精度、铣刀的耐用度及机床的刚性来选择，首先选定背吃刀量，然后选取进给量，最后确定铣削速度。

（1）背吃刀量的选择。背吃刀量是指一次进给所切去金属层的深度。它的选取应视工艺系统的刚度和已加工表面的精度、表面粗糙度而定。

（2）进给量和切削速度。粗加工时，加工余量较大，精度要求不高，此时应当根据工艺系统刚性及刀具耐用度来选择。在刀具性能允许的条件下应以较大的每齿进给量进行切削，以提高生产率。半精加工时，此时工件的加工余量一般在0.5~2mm，并且无硬皮，加工后要降低表面粗糙度，因此应选择较小的每齿进给量和较大的切削速度。精加工时加工余量很小,应当着重考虑刀具的磨损对加工精度的影响,因此宜选择较小的每齿进给量和较大的切削速度进行铣削。

3. 铣削方式

铣削有端铣和圆周铣削两种方式。

(1)端铣方式。用面铣刀加工平面时,依据铣刀与工件加工面相对位置的不同可分为以下铣削形式。

第一,对称铣。铣刀轴线位于铣削弧长的对称中心位置,即切入、切出时切削厚度相同时为对称铣。这种铣削方式具有较大的平均切削厚度,在用较小的每齿进给量铣削淬硬钢时,为使刀齿超越冷硬层切入工件,应采用对称铣削。

第二,不对称逆铣。切入时的切削厚度小于切出时的切削厚度为不对称逆铣。铣削碳钢和一般合金钢时,采用这种铣削方式,可减小切入时的冲击,可使硬质合金端铣刀的使用寿命提高一倍以上。

第三,不对称顺铣。切入时的切削厚度大于切出时的切削厚度为不对称顺铣。不对称顺铣用于加工不锈钢和耐热合金时,可减少硬质合金的剥落磨损,提高 40%~60% 切削速度。

(2)圆周铣削方式。根据铣削时切削层参数变化规律的不同,圆周铣削有逆铣和顺铣两种形式。

第一,逆铣。铣削时,铣刀切入工件时的切削速度方向与工件的进给方向相反,这种铣削方式称为逆铣。逆铣时,刀齿的切削厚度从零逐渐增大。刀齿在开始切入时,由于切削刃钝圆半径的影响,刀齿在工作表面上打滑、产生挤压和摩擦,使这段表面产生严重的冷硬层。至滑行到一定程度时,刀齿才能切入工件。下一个刀齿切入时,又在冷硬层上挤压、滑行,使刀齿容易磨损,同时使工件表面粗糙度增大。

第二,顺铣。铣削时,铣刀切入工件时的切削速度方向与工件的进给方向相同,这种铣削方式称为顺铣。顺铣时,刀齿的切削厚度切入时最大,而后逐渐减小,避免逆铣切入时的挤压、滑擦和啃刮现象;而且刀齿的切削距离较短,铣刀磨损较小,寿命可比逆铣时高 2~3 倍,已加工表面质量也较好;特别是铣削硬化趋势强的难加工材料时效果更明显。另外,顺铣时,前面作用于切削层的垂直分力始终向下,因而整个铣刀作用于工件的垂直分力较大,将工件始终压紧在夹具上，避免工件的振动，安全可靠。

4. 铣刀的磨损

铣刀的磨损规律与车刀具有相似性。在使用高速钢铣刀进行逆铣操作时，由于刀齿对工件表面产生的挤压和滑行作用较为显著，因此磨损主要集中于后刀面。当使用硬质合金铣刀对钢件进行铣削时，得益于较高的切削速度，切屑在前面滑动的速度较快，这导致在后刀面出现磨损的同时，前刀面也会有一定程度的磨损。

此外，硬质合金面铣刀在进行高速断续切削过程中，刀具会经历周期性的机械冲击和热冲击，这些因素导致刀具表面产生裂纹，从而引发刀齿的疲劳破损。铣削速度的提升会使疲劳磨损现象更早出现。如果铣刀的几何角度设计不合理或使用方式不当，加之刀齿本身强度不足，在承受较大冲击力的情况下，刀齿会出现无裂纹的破损现象。

防止铣刀破损的措施包括以下几种。

①合理选择刀片牌号，应采用韧性好、抗热裂纹敏感性小、耐热性和耐磨性好的刀片材料；②合理选用铣削参数，根据工件材料的不同物理力学特性和刀片材料的性能差异，在一定的加工条件下，选用合理的、能保证铣刀正常工作的切削参数；③合理选择工件与铣刀之间的相对位置，铣刀的安装位置直接影响切入角和切出角，因此，合理选择铣刀的安装位置对减少铣刀的破损起着重要作用。

（三）钻头

孔加工刀具是机械加工中应用非常广泛的一类刀具。由于孔的形状、规格、精度要求和加工方法不同，孔加工刀具种类很多。按结构特征和用途的不同可将其分为扁钻、麻花钻、中心钻、深孔钻、铰刀、扩孔钻、锪钻等。

1. 扁钻

扁钻是一种古老的孔加工刀具，它的切削部分为铲形，结构简单，制造成本低，切削液容易导入孔中，但切削和排屑性能较差。

2. 麻花钻

麻花钻是孔加工刀具中应用最为广泛的刀具，特别适合于直径小于 30mm 的孔的粗加工，直径大一点的也可用于扩孔。麻花钻按其制造材料不同可分为高速钢麻花钻和硬质合金麻花钻。在钻孔中以高速钢麻花钻为主。

3. 中心钻

中心钻主要用于加工轴类零件的中心孔，根据其结构特点分为无护锥中心钻和带护锥中心钻两种。钻孔前，先打中心孔，有利于钻头的导向，防止孔的偏斜。

4. 深孔钻

深孔钻一般用来加工深度与直径的值较大的孔，由于切削液不易到达切削区域，刀具的冷却散热条件差，切削温度高，刀具耐用度降低；再加上刀具细长，刚度较差，钻孔时容易发生引偏和振动。因此为保证深孔加工质量和深孔钻的耐用度，深孔钻在结构上必须解决断屑排屑、冷却润滑和导向三个问题。

5. 铰刀

铰刀是孔的精加工刀具，也可用于高精度孔的半精加工。由于铰刀齿数多，槽底直径大，其导向性及刚度好，而且铰刀的加工余量小，制造精度高，结构完善。铰孔操作方便，生产率高，而且容易获得高质量的孔，所以在生产中应用极为广泛。

6. 扩孔钻

扩孔钻通常用于铰或磨前的预加工或毛坯孔的扩大，其外形与麻花钻类似。扩孔钻通常有三四个刃带，没有横刃，前角和后角沿切削刃的变化小，故加工时导向效果好，轴向抗力小。另外，扩孔钻主切削刃较短，容屑槽浅；刀齿数目多，钻心粗壮，刚度强，切削过程平稳，再加上扩孔余量小，因此，扩孔时可采用较大的切削用量，而其加工质量却比麻花钻好。

7. 锪钻

锪钻用于在孔的端面上加工圆柱形沉头孔、加工锥形沉头孔或凸台表面。锪钻上的定位导向柱是用来保证被锪的孔或端面与原来的孔有一定的同轴度和垂直度的。导向柱可以拆卸，以便制造锪钻的端面齿。锪钻可制成高速钢整体结构或硬质合金镶齿结构。

三、刀具的磨损与寿命

"切削参数是影响切削过程中刀具磨损和寿命的重要因素，对其进行合理调整和优化能够降低刀具磨损和延长刀具寿命，提高加工效率和产品质量。"①

（一）刀具磨损

1. 刀具磨损的形式

刀具的磨损是指刀具在正常的切削过程中，由于物理或化学作用，使刀具逐渐产生的磨损。在切削过程中，刀具的前刀面和后刀面与切屑和工件接触，并产生强烈的摩擦，同时在接触区内有很高的温度与压力，因此随着切削的进行，前、后刀面都将发生磨损。刀具的磨损包括以下几种。

（1）前刀面磨损（月牙洼磨损）。在切削塑性材料时，若切削速度与切削厚度较大，在前刀面上往往会磨出月牙洼。月牙洼的位置出现在刀具前刀面切削温度最高的地方，它和切削刃之间有一条小棱边。在磨损过程中，月牙洼的宽度、深度不断增大，当月牙洼扩展到使棱边很窄时，切削刃的强度急剧削减，极易导致崩刃。月牙洼磨损量用其最大深度 KT 表示。

（2）后刀面磨损。由于加工表面和刀具后刀面间存在着强烈的摩擦，在后刀面上毗邻切削刃的地方很快被磨出后角为零的小棱面，这就是后刀面磨损。后刀面磨损主要发生在以较低的切削速度、较小的切削厚度切削塑性材料及加工脆性材料的情况下。后刀面磨损带往往是不均匀的。

2. 刀具磨损的原因

切削过程中的刀具磨损与一般机械零件的磨损有明显的不同，一是刀具与切屑、工件间的接触表面经常是新鲜表面；二是接触面上压力很大；三是接触面的温度也很高。

（1）磨料磨损。磨料磨损是指工件或切屑中的硬质点以及积屑瘤碎片，在刀具表面刻画出沟纹的现象。该过程很像砂轮磨削工件，刀具被一层一层磨掉，属

---

① 蒋俊飞. 切削参数对金属切削刀具磨损与寿命的影响 [J]. 装备制造技术，2023（12）：69.

于纯机械作用。磨料磨损在各种切削速度下都可能发生，但是低速下的磨料磨损是刀具磨损的主要原因。这是由于低速时，切削温度较低，其他原因产生的磨损不显著。刀具抵抗磨料磨损的能力主要取决于其硬度和耐磨性。由于高速钢刀具的硬度、耐磨性较硬质合金、陶瓷等低，故其易产生磨料磨损。

（2）黏结磨损。刀具与工件、切屑之间存在着很大的压力及强烈的摩擦，它在一定的温度、压力作用下将产生黏结，由于摩擦副的相对运动，黏结点将被破坏而被一方带走，从而造成黏结磨损。由于工件与切屑的硬度低于刀具，黏结点的破坏主要发生在工件或切屑上。然而，在存在交变应力、接触疲劳、热应力以及刀具表层结构缺陷等因素的影响下，黏结点的破坏也可能发生在刀具上，这种情况会导致刀具磨损。

（3）扩散磨损。扩散磨损是指在高温下，工件与刀具材料中的化学元素相互扩散，使两者的化学成分发生变化，从而削弱了刀具材料的性能，加快了刀具磨损。例如用硬质合金刀具切削钢材时，从 $800℃$ 开始，硬质合金中的 Co、W、C 等元素便迅速地扩散到切屑和工件中去，硬质合金中失去了 W，会使刀具表面硬度、耐磨性降低；失去 Co 削弱了硬质合金中硬质相的黏结强度，切屑和刀具中的 Fe 则向刀具表面扩散，形成新的低硬度、高脆性的复合碳化物，所有这些都加速了刀具磨损。扩散磨损在高温下产生，并随温度升高而加剧。

扩散磨损的速度和程度与刀具材料的化学成分密切相关，这主要是由于不同元素之间扩散速率的差异所导致。例如，在硬质合金中，Ti 元素的扩散速率显著低于 Co 和 W 元素，而 TiC 则具有较高的热稳定性，不易分解。因此，含有 TiC 的 YT 类硬质合金在抗扩散磨损方面的能力优于含有 TiC 的 YG 类硬质合金。YN 类硬质合金和涂层合金由于其特殊的组成和结构，展现出更为优异的抗扩散磨损性能。此外，当在硬质合金中添加 Ta 和 Nb 等元素时，会形成固溶体，这些元素的扩散速率较低，从而提高了材料的抗扩散磨损性能。

（4）氧化磨损。氧化磨损是一种化学性质的磨损。当切削温度达 $700\sim800℃$ 时，空气中的氧在切屑形成的高温区与刀具材料中的某些成分发生氧化反应，形成较软的氧化物，从而使刀具表面硬度下降，较软的氧化物被切屑或工件摩擦掉而形成氧化磨损。

（5）热电磨损。工件、切屑与刀具由于材料不同，在高温下切削时，在接触区会产生热电势，这种热电势有促进扩散作用而加速刀具磨损。这种磨损称为热电磨损。

3. 刀具磨损过程

随着切削时间的延长，刀具的磨损会逐渐加大。磨损过程可分为以下阶段：

（1）初期磨损阶段。由于新刃磨的刀具切削刃较锋利，其后刀面与切屑和工件实际接触面积很小，压强较大，加之其后刀面存在着微观不平等缺陷，故这一阶段的磨损较快。初期磨损量的大小与刀具刃磨质量有关，经仔细研磨过的刀具，其初期磨损量小，要耐用得多。当磨损到达一定值后，即稳定下来。

（2）正常磨损阶段。经初期磨损后，刀具的粗糙表面已经磨平，接触表面积增大，压强减小，从而磨损速率明显减小，刀具进入正常磨损阶段。此阶段的磨损量比较缓慢均匀。后刀面磨损量随切削时间的延长而近似成比例增加。这是刀具工作的有效阶段。

（3）在刀具的正常磨损阶段之后，会进入急剧磨损阶段。在这一阶段，切削刃显著变钝，切削力和切削温度会迅速升高。此时，刀具的磨损状况发生根本变化。如果继续使用已经进入急剧磨损阶段的刀具，不仅无法保证加工质量，而且会导致刀具材料的大量消耗，从经济角度考虑这是不合理的。因此，在生产实践中，应当避免刀具达到这一磨损阶段，在急剧磨损阶段到来之前及时更换刀具是非常必要的。

4. 刀具的磨钝标准

刀具的磨损达到一定限度就不能继续使用，而应进行重磨，这个磨损限度称为刀具的磨钝标准。一般刀具都存在后刀面的磨损，它对加工质量、切削力、切削温度的影响比较显著，并且比较容易测量，因此在金属切削的科学研究中通常是以后刀面的磨损值 VB 达到一定数值作为磨钝标准。确定磨钝标准时应考虑以下因素：

（1）工艺系统的刚性。工艺系统的刚性差时，VB 应取小值。如车削刚性差的工件，应将 VB 控制在 0.3mm 以内。

（2）工件材料。在切削难加工材料时，一般应选用较小的磨钝标准，如加工高温合金及不锈钢等。加工一般材料时，VB 可取得大一些。

（3）工件尺寸。加工大型工件时，为避免频繁换刀，VB 应取大值。

（4）加工精度和表面质量。加工精度和表面质量较高的工件时，应取较小的 VB 值，以确保加工质量。

（二）刀具寿命

1. 刀具寿命的概念

刀具在使用过程中会不断地磨损，当达到一定的磨损标准，不能满足加工质量或生产率所要求的切削性能时，则需进行重磨。刃磨好的刀具从开始切削到磨损量达到磨钝标准为止的总切削时间，称为刀具的使用寿命，用 T 表示。它是指净切削时间，不包括对刀、测量、快进、回程等非切削时间。刀具寿命是指刀具的使用寿命乘以刀具的刃磨次数，即一把新刀从投入使用经多次重磨到报废为止的总切削时间。

2. 切削用量与刀具使用寿命的关系

（1）切削速度与刀具使用寿命的关系。切削速度与刀具使用寿命的关系可用单因素试验法求得。实验前先选定刀具后刀面上的磨钝标准。然后，保证其他切削条件不变，在常用切削速度范围内，取不同的切削速度（v_{c1}，v_{c2}，v_{c3}……）做磨损实验，可得到各种切削速度下的刀具磨损曲线，根据选定的磨钝标准 VB 值即可求出各切削速度所对应的刀具使用寿命（T_1，T_2，T_3……）。在双对数坐标轴上标出点（T_1，v_{c1}）、（T_2，v_{c2}）、（T_3，v_{c3}）……可发现，在一定的切削速度下，这些点基本上在一条直线上，因此，这条直线的方程如下：

$$\lg v_c = -m\lg T + \lg A \qquad (2-1)$$

式中：m——该直线的斜率，$m = \tan\varphi$；

A——当 $T = 1s$（或 1min）时直线在纵坐标上的截距。

m 和 A 均可实测得到。故 T 和 v_c 的关系可以表示成下式：

$$v_c = A/T^m \qquad (2-2)$$

或

$$T = (A/v_c)^{\frac{1}{m}} \qquad (2-3)$$

$T - v_c$ 关系式反映了切削速度与刀具使用寿命之间的关系，是选择切削速度的重要依据。指数 m 反映了切削速度对刀具使用寿命的影响程度。显然，m 值越大，刀具使用寿命受切削速度的影响越小，即刀具的切削性能越好。

（2）进给量、背吃刀量与刀具使用寿命的关系。

$f - T$、$a_p - T$ 的关系式：

$$f = B/T^n \tag{2-4}$$

$$a_p = C/T^p \tag{2-5}$$

式中：B、C——常数；

$\qquad$ n、p——指数。

（3）切削用量与刀具使用寿命的经验公式。

切削用量三要素与刀具使用寿命关系的经验公式：

$$T = \frac{C_T}{v_c^{1/m} f^{1/n} a_p^{1/p}} \tag{2-6}$$

式中：C_T——与工件材料、刀具材料和其他切削条件有关的常数。一般情况下，$m < n < p$。

当用 YT5 硬质合金车刀切削 $\sigma_b = 750\mathrm{MPa}$ 的碳钢时（$f > 0.75\mathrm{mm/r}$），切削用量与刀具使用寿命的关系如下：

$$T = \frac{C_T}{v_c^{5} f^{2.25} a_p^{0.75}} \tag{2-7}$$

可知，切削用量中以切削速度 v_c 对刀具的使用寿命影响最大，进给量 f 次之，背吃刀量 a_p 影响最小。

3. 合理选择刀具使用寿命

在实际生产中，刀具的使用寿命同生产效率和加工成本之间存在较为复杂的关系。刀具的使用寿命并不是越高越好，若刀具的使用寿命选得过高，则切削用量必将被限制在很低的水平，此时虽然刀具的消耗及其费用较少，但过低的加工效率也会使经济效果变得很差。若刀具的使用寿命选得过低，虽可采用较高的切削用量使金属切除量有所提高，但由于刀具磨损加快而使换刀、刃磨的工时和费用显著增加，同样达不到高效率、低成本的要求。

因此，一般选用刀具使用寿命时应从三个方面考虑：①使该工序的加工生产率最高，亦即零件的加工时间最短；②使该工序的生产成本最低，亦即所消耗的生产费用最低；③使该工序所获得的利润最高。

一般情况下，应采用最低生产成本刀具使用寿命，在生产任务紧迫或生产中节拍不平衡时，可选用最高生产率刀具使用寿命。

实际工作中，制定刀具使用寿命时还应具体考虑以下方面：

（1）刀具的构造、刃磨情况。若刀具结构复杂，制造、刃磨费用高，则刀具的使用寿命应规定得高些。

（2）机床上刀具的调整情况。若刀具调整复杂，则刀具的使用寿命应规定得高些。例如，组合机床上的刀具、自动线上的刀具。

（3）生产进度。若某工序单位生产时间的生产成本较高时，刀具使用寿命应规定得低些，这样可以选用较大的切削用量，缩短加工时间，降低生产成本；若某工序的生产让生产线陷入瓶颈，刀具的使用寿命应定得低些，这样可以选用较大的切削用量，以加快该工序的生产节拍。

（4）在精加工尺寸较大的工件时，为避免在加工同一表面时中途退刀，刀具的使用寿命应至少得完成一次走刀。

第二节　金属切削机床

一、机床的组成、相关指标与分类

（一）机床的组成

1. 动力源

动力源是指为机床提供动力和运动的驱动部分，如各种交流电动机、直流电动机和液压传动系统的液压泵、液压马达等。

2. 支承件

支承件是指用于安装和支承其他固定的或运动的部件，以承受其重力和切削力的构件，如床身、底座、立柱等。支承件是机床的基础构件，也称机床大件或基础件。

3. 传动系统

传动系统包括主传动系统、进给传动系统和其他运动的传动系统，如变速箱、进给箱等部件，有些机床主轴组件与变速箱合在一起称为主轴箱。

4. 工作部件

工作部件包括以下部分：

（1）与最终实现切削加工的主运动和进给运动有关的执行部件，如主轴及主轴箱、工作台及其溜板或滑座、刀架及其溜板以及滑枕等安装工件或刀具的部件。

（2）与工件和刀具安装及调整有关的部件或装置，如自动上下料装置、自动换刀装置、砂轮修整器等。

（3）与上述部件或装置有关的分度、转位、定位机构和操纵机构等。

不同类型的机床因其用途、表面形成运动和结构布局的不同，其工作部件的组成和结构存在显著差异。从运动形式的角度来看，主要可分为旋转运动和直线运动两大类。因此，在工作部件的结构设计中，通常包含有轴承和导轨这两种基本元件。

5. 控制系统

控制系统是指用于控制各工作部件的正常工作系统，主要是指电气控制系统，有些机床局部采用液压或气动控制系统。数控机床的控制系统是数控系统，包括数控装置、主轴、进给的伺服控制系统、可编程序控制器、输入装置、输出装置等。

6. 润滑与冷却系统

润滑系统包括用于对机床的运动副进行润滑，以减小摩擦、磨损和发热。冷却系统是指用于对加工工件、刀具及机床的某些发热部位进行冷却的工作系统。

（二）机床技术和性能相关指标

1. 工艺范围

机床的工艺范围是指机床适应不同生产要求的能力，即机床上可以完成的工序种类，能加工的零件类型、毛坯和材料种类，适用的生产规模等。

2. 技术参数

（1）尺寸参数。尺寸参数具体反映机床的加工范围，包括主参数、第二主参数和与加工零件有关的其他尺寸参数，如卧式车床，主参数为床身上工件的最大回转直径，第二主参数为最大工件长度。

（2）运动参数。运动参数是指机床执行元件的运动速度，如主轴最高与最低转速、刀架最大与最小进给量等。

（3）动力参数。动力参数是指机床电动机的功率，有些机床还应给出主轴允许承受的最大转矩等其他参数。

3. 机床的精度

机床精度是指为了保证被加工工件能达到要求的精度和表面粗糙度，并在长期使用中能保持这种能力，机床本身必须具备的精度，它主要包括以下方面：

（1）几何精度。几何精度是指机床在不运动或运动速度较低时各主要部件的形状、相互位置和相对运动的精确程度，如导轨的直线度，主轴径向跳动及轴向窜动，主轴中心线对滑台移动方向的平行度或垂直度等。几何精度直接影响加工工件的精度，是评价机床质量的基本指标，主要取决于结构设计、制造和装配质量。

（2）运动精度。运动精度是指机床空载并以工作速度运动时，主要零部件的几何位置精度，如高速回转主轴的回转精度。对于高速精密机床，运动精度是评价机床质量的一个重要指标，与结构设计及制造等因素有关。

（3）定位精度。定位精度是指机床的定位部件运动到达规定位置的精度。定位精度直接影响被加工工件的尺寸精度和形状精度。机床构件和进给控制系统的精度、刚度、动态特性，以及机床测量系统的精度都将影响机床的定位精度。

（4）传动精度。传动精度是指机床传动系统各末端执行件之间运动的协调性和均匀性。影响传动精度的主要因素是传动系统的设计、传动元件的制造和装配精度。

（5）工作精度。加工规定的试件，用该试件的加工精度表示机床的工作精度。工作精度一般用形状精度、尺寸精度、位置精度和表面粗糙度来衡量。工作精度是各种因素综合影响的结果，包括机床自身的精度、刚度、热变形和刀具、工件的刚度及热变形等。

（6）精度保持性。精度保持性是指机床在规定的工作期内，能稳定保持所要求精度的特性。影响精度保持性的主要因素是磨损和变形。

4. 机床的刚度

机床的刚度是指机床系统抵抗变形的能力。作用在机床上的载荷有多种形式，根据不同的性质，可将载荷分为静载荷和动载荷。不随时间变化或变化极为缓慢的力称为静载荷；凡随时间变化的力称为动载荷。因此，机床刚度被分为静刚度和动刚度。动刚度与机床的抗震性密切相关，通常所说的机床刚度一般是指静刚度，即整台机床在静载荷作用下，各构件及结合面抵抗变形的综合能力。

（三）机床的主要分类

1. 按应用范围分类

（1）通用机床。通用机床用于加工多种零件的不同工序，加工范围较广，通用性较大，但结构比较复杂，自动化程度低、生产率低，这种机床主要适用于单件小批量生产，如卧式车床。

（2）专门化机床。专门化机床工艺范围较窄，专门用于加工某一类或几类零件的某一道特定工序，如曲轴车床、凸轮轴车床等。

（3）专用机床。专用机床工艺范围最窄，只能用于加工某一种零件的某一道特定工序，适用于大批、大量生产，如加工机床主轴箱的专用镗床、加工车床导轨的专用磨床等。

2. 按工作精度分类

根据工作精度，同类型机床可分为普通精度机床、精密机床和高精度机床，分别为精度、性能等符合有关标准中规定的普通级、精密级和高精度级要求的机床。

3. 按自动化程度分类

按自动化程度，机床可分为手动机床、机动机床、半自动机床和自动机床等。

4. 按质量与尺寸分类

按质量与尺寸，同类型机床可分为仪表机床、中型机床、大型机床、重型机床和超重型机床。

5. 按数控功能分类

按数控功能，机床可分为非数控机床、一般数控机床、加工中心、柔性制造单元等。

一般情况下，机床根据加工性质分类，再按机床的某些特点进一步描述，如高精度万能外圆磨床、立式钻床等。

二、数控机床的组成、分类及特点

（一）数控机床的主要组成

使用数控机床加工零件时，操作者应按照加工图纸的要求，用规定的代码和程序格式编制数控程序，将数控程序输入到数控装置，再由数控装置控制机床主运动的变速、启停，进给运动的方向、速度和位移大小，以及其他诸如刀具的选择与交换、工件的夹紧与松开和冷却与润滑的启停等辅助动作，使刀具与工件及其他辅助装置严格按照数控程序规定的顺序、路线、参数进行工作，从而加工出形状、尺寸与精度符合要求的零件。

数控机床一般由控制介质、伺服驱动系统、数控装置和机械部件组成。

1. 控制介质

使用数控机床加工零件时，所需的各种控制信息要靠某种中间载体携带和传输，这种载体称为"控制介质"。控制介质有多种，如穿孔带、穿孔卡、磁带及磁盘等，也可通过通信接口直接输入所需的各种信息。采用何种控制介质则取决于数控装置的类型。随着微型计算机的广泛应用，磁盘正在成为最主要的控制介质。

2. 伺服驱动系统

伺服驱动系统由伺服驱动电路和伺服驱动装置组成，并与机床上的执行部件和机械传动部件组成数控机床的进给系统。它根据数控装置发来的速度和位移指令控制执行部件和机械传动部件的进给速度、方向和位移。

3. 数控装置

数控装置可分为普通数控系统和计算机数控系统两大类。普通数控系统利用专用的控制计算机，又称硬件数控；计算机数控系统利用通用的小型计算机或微型计算机加软件，又称软件数控。数控装置是数控机床的核心，一般由输入装置、控制器、运算器和输出装置等组成。

4. 机械部件

数控机床的机械部件包括主运动部件、进给运动执行部件（如工作台）、拖板及其传动部件和床身、立柱等支承部件及冷却、润滑、转位和夹紧等辅助装置。对于加工中心类的数控机床，机械部件还包括存放刀具的刀库，交换刀具的机械手等部件。

（二）数控机床的主要分类

1. 按工艺用途分类

（1）普通数控机床。普通数控机床是指在加工工艺过程中的一个工序上实现数字控制的自动化机床，可分为数控车床、数控铣床、数控镗床、数控磨床和数控齿轮加工机床等。它和普通机床的工艺用途相似，但生产效率和自动化程度较普通机床高。

（2）加工中心。加工中心是指配有刀库和自动换刀装置的数控机床。工件一次装夹能完成多道工序。一般分为立式加工中心、卧式加工中心、龙门式加工中心等。它适合于产品更换频繁、零件形状复杂、精度要求高、生产批量大的零件加工。

（3）多坐标数控机床。多坐标数控机床是指数控装置同时控制的轴数超过三个的机床，如螺旋桨、飞行器曲面等形状复杂的零件，若用一般的数控机床是无法加工的，需要三个以上坐标的合成运动才能加工出所需形状。现常用的是 4~6 坐标的数控机床。

2. 按控制运动轨迹分类

（1）点位控制数控机床。点位控制数控机床的数控装置只控制刀具或机床的工作台从一点准确地移动到另一点，而对它们的运动轨迹没有严格要求，并且在运动和定位过程中不进行任何加工。常见的有数控钻床、数控镗床等。

（2）直线控制数控机床。直线控制数控机床的数控装置不仅要控制刀具或机床的工作台从一点准确地移动到另一点，还要控制移动速度和轨迹，实现平行于坐标轴的直线进给运动，在移动部件移动时进行切削加工。常见的有数控车床、数控铣床等。

（3）轮廓控制数控机床。轮廓控制数控机床的数控装置能够对两个或两个以上的坐标轴同时进行严格的连续控制。它不仅要控制移动部件从一点准确地移动到另一点，还要控制整个加工过程每一点的速度和位移量，使其加工出符合图样要求的形状复杂的零件。常见的有数控铣床、数控车床、加工中心等。

3. 按控制方式分类

（1）开环控制数控机床。开环控制系统是不带反馈装置，只按照数控装置的指令脉冲进行工作，不对移动部件的实际位移进行检测和反馈的控制系统。它通常采用功率步进电动机或电液脉冲马达作为执行元件。这种系统结构简单、调试方便、价格低廉、易于维修，但精度较低，多用于经济型数控机床上。

（2）闭环控制数控机床。闭环控制系统是在机床移动部件上装有位置检测装置的控制系统。在加工过程中，位置检测装置随时将测量到的位移量反馈给数控装置的比较器，并与输入指令进行比较，用差值控制运动部件，使运动部件严格按实际需要的位移量运动。这种系统加工精度高、移动速度快。但安装调试比较复杂，且位置检测装置造价较高，多用在高精度数控机床和大型数控机床上。

（3）半闭环控制数控机床。半闭环控制系统是在开环控制伺服电动机轴上装有角位移检测装置的控制系统。它通过检测伺服电动机的转角间接地检测出移动部件的位移，将其反馈给数控装置的比较器，并与输入指令进行比较，用差值控制运动部件。这种系统测量装置简单，安装调试十分方便，并具有良好的系统稳定性，但精度低于闭环控制系统，多用于中档数控机床上。

（三）数控机床的基本特点

数控机床是实现柔性自动化的重要设备，与其他加工设备相比，数控机床具有如下特点。

1. 适应性强

加工对象改变时，除更换刀具和解决工件装夹方式外，只需改变程序即可，特别适应目前多品种、小批量、变化快的生产特点。

2. 自动化程度高

数控加工过程中，除工件装夹外，其他加工过程全部由机床自动完成，大大减轻了操作者的劳动强度，改善了劳动条件。

3. 加工精度高

数控加工的尺寸精度一般为 0.005～0.01mm，不受零件结构的影响。数控机床加工过程中，机床自始至终都在规定的控制指令下工作，消除了操作者的人为误差。因此，数控机床加工精度高，尺寸一致性好，加工质量十分稳定。

4. 生产效率高

数控机床自动化程度高，可实现刀具自行更换、工件自动检测；切削加工中可采用最佳切削参数和走刀路线；工件一次装夹后，除定位装夹表面不能加工外，其余表面均可加工；生产准备周期短，加工对象变化一般不需要专门的工艺装备设计制造时间。

5. 易于建立计算机通信网络

数控机床使用数字信息控制机床，易与 CAD 系统连接，从而形成 CAD/CAM 一体化，它是 FMS、CIMS 等现代制造技术的基础。

三、机床的适用范围及工艺特点

（一）车床的适用范围及工艺特点

1. 卧式车床

卧式车床适用于单件小批量生产，可完成车削内外圆柱面、圆锥面、成形回转面、车削端面和螺纹，用滚花刀进行滚花，由尾座完成钻孔、扩孔、铰孔、攻螺纹和套螺纹等，但自动化程度低，辅助运动由手工操作完成，生产率较低。

2. 转塔车床

与卧式车床相比，转塔车床的尾座由转塔刀架代替，只做纵向运动，前刀架可做纵向和横向运动，转塔的六角面上可利用附具分别安装挡料块车刀、钻头、铰刀等切削刀具和工具，也可在一个附具上安装数把车刀以实现多刀同时加工。该机床适用于成批生产。

3. 立式车床

立式车床适用于单件小批生产加工径向尺寸大，而轴向尺寸相对较小的大型和重型零件，如各类盘、轮类零件。立式车床可分单立柱式和双立柱式，单立柱式用于加工直径较小的零件，双立柱式用于加工直径较大的零件。

（二）镗床的适用范围及工艺特点

1. 金刚镗床

金刚镗床是一种高速精密镗床，因以前采用金刚石镗刀而得名。金刚镗床适用于加工精度高、表面粗糙度小的孔。机床刚度高，加工精度很高。主轴中心线位置可按工件孔距进行调整。工件安装在工作台上，工作台沿床身导轨由液压传动实现半自动进给工作循环。

2. 坐标镗床

坐标镗床有立式单柱、立式双柱和卧式等主要类型。坐标镗床是一种高精密机床，其加工工艺范围较广，除镗孔、钻孔、扩孔、铰孔、精铣平面和沟槽外，还可进行紧密刻线和划线，以及孔距直线尺寸的精密测量等工作。生产中它主要用于镗削精密的孔和位置精度要求很高的孔系的加工。

（三）刨床类机床的适用范围及工艺特点

1. 牛头刨床

牛头刨床适用于单件小批生产，主要用于加工平面、斜面、沟槽等，调整简便，易于操作。

2. 插床

插床主要用于加工沟槽、平键槽、花键孔、多边孔等。工件装在工作台上，除能做直线进给外，还能做圆周进给或进行分度。插床的生产率较低。

3. 龙门刨床

龙门刨床适用于大型零件的平面或沟槽的加工。龙门刨床有两个垂直刀架和两个水平刀架，可同时加工一个零件的几个平面，或几个零件一起装夹同时加工。工作台能做无级调速实现直线往复主运动，刀架做间歇进给运动。龙门刨床的刚性好，生产率高。

（四）钻床类机床的适用范围及工艺特点

1. 立式钻床

立式钻床适合在中小型工件上钻孔、扩孔、铰孔和攻螺纹。立钻可以自动进给，操作简便，但每加工完一个孔后，需移动工件对准下一个孔的位置再加工，劳动强度大。

2. 摇臂钻床

摇臂钻床适用于单件小批生产，主要用于钻孔、扩孔、铰孔和攻螺纹。工件一次装夹后，就能顺序加工各个不同位置的孔，机床的变速机构、摇臂升降、回转及夹紧可由液压传动来实现，使用方便，生产效率高。

3. 可调式多轴立式钻床

可调式多轴立式钻床适用于多孔工件的成批生产。工件安装在工作台上，主轴轴线位置可根据加工孔的位置进行调整，以适应多孔同时加工，多轴箱可沿立柱上下移动，并完成半自动工作循环，生产率高。

（五）铣床类机床的适用范围及工艺特点

1. 卧式万能升降台铣床

卧式万能升降台铣床适合于加工平面、斜面、沟槽和成形表面。使用机床附件如立铣头、分度头及圆形工作台，可扩大加工范围，如加工铣刀螺旋表面、分齿零件的局部表面等。

2. 立式铣床

立式铣床适合于加工平面、斜面、沟槽、台阶等。立式铣床的主轴垂直布置，除工作台能做三个相互垂直方向的进给运动快速移动外，主轴可沿轴线做进给调位移动，还能在垂直平面内调整一定角度。

3. 龙门铣床

龙门铣床适合于对大中型工件，如床身导轨、箱体、机座等零件的平面或成形面的加工。龙门铣床的横梁和立柱上分别安装有铣头，每个铣头都有独立的主运动、进给运动和调位移动。工件紧固在工作台上做纵向直线进给运动，可用多把铣刀同时加工几个表面，生产率高。

（六）齿轮加工机床的适用范围及工艺特点

1. 滚齿机

滚齿机适合于加工直齿、螺旋齿、圆柱齿轮和蜗轮。用展成法原理加工，生产率高。

2. 插齿机

插齿机适合于加工双联及多联的内外直齿圆柱齿轮。用展成法原理加工，加工精度较高，但生产率较低。

3. 剃齿机

剃齿机适合于精加工未经淬火的齿轮，但不宜加工多联的小齿轮。淬火后的齿轮，可用珩齿机或磨齿机进行精加工。

（七）磨床的适用范围及工艺特点

1. 平面磨床

平面磨床根据砂轮主轴的布置及工作台形状的不同分为卧轴矩台式、卧轴圆台式、立轴矩台式和立轴圆台式。平面磨床适合于磨削平面，主运动由砂轮实现，分周边切削和端面切削两种。工件由工作台上的电磁吸盘吸紧并由工作台带动实现进给运动。

2. 万能外圆磨床

万能外圆磨床适合于磨削内外圆柱面、内外圆锥面以及轴和孔的台肩面。工件由工作台上的头架利用三爪卡盘或前后顶尖夹持，由头架带动做圆周进给运动，由工作台带动做纵向进给运动。砂轮架、头架、工作台均可回转一定角度以适应不同工件的加工。

3. 无心外圆磨床

无心外圆磨床适合于细长、简单的圆柱表面加工，如小轴、销、细长轴、套类零件的外圆磨削。工件安置在砂轮与导轮之间，其中心略高于它们的中心线，以工件本身的圆柱表面作定位基准，利用磨削力和导轮双曲面对工件的摩擦力使工件做圆周进给运动和轴向进给运动。工件原始形状误差将影响其圆度，装卸工件简单方便、生产率高。

4. 普通内圆磨床

普通内圆磨床适合于对内圆柱孔和内圆锥孔的磨削。工件由工作台上的头架利用三爪卡盘夹持做圆周进给运动，内圆磨头高速旋转。工件头架可回转一定角度，由工作台带动做纵向进给运动。

第三节　金属切削过程

"在机械制造中越来越多的新技术及新工艺得以广泛应用，并且发挥着十分重要的作用，而金属切削技术便是其中比较重要的一种。"①

一、切削的过程

（一）工件表面的成形

机械零件的表面形状无论多么复杂，基本由平面、圆柱面、圆锥面等各种成形面组成。当加工精度和表面粗糙度要求较高时，需要在机床上用刀具切削加工。

――――――――――――――

① 李辉. 机械制造中金属切削技术的创新研究 [J]. 山东工业技术, 2019（4）：40.

切削加工中的发生线是由刀具的切削刃和工件的相对运动得到的，根据使用的刀具、切削刃形状和采用的加工方法的不同，形成发生线的方法具体如下：

1. 轨迹法

轨迹法是利用刀具做一定规律的轨迹运动对工件进行切削的方法。

2. 成形法

成形法是采用成形刀具对工件进行加工，切削刃与所需成形的发生线完全吻合。

3. 相切法

相切法是利用刀具边旋转边做轨迹运动对工件进行加工的方法。在垂直于刀具旋转轴线的截面内，切削刃也可看作是点，当该切削点绕着刀具轴线做旋转运动时，刀具轴线沿着发生线的等距线做轨迹运动。

4. 展成法

展成法是利用刀具和工件之间的展成切削运动对工件进行切削的方法。

（二）切削运动及特点

在切削加工中，刀具与工件之间的相对运动称为切削运动。切削运动可分为主运动与进给运动。切削过程中，还存在合成运动和加工表面。

1. 主运动

主运动是切削工件时切下金属层所需要的速度最高的运动。主运动的特点是：速度最高，机床只有一个主运动。

2. 进给运动

进给运动是使金属层不断投入切削的运动。进给运动的特点是：速度较低，进给运动可以有多个。

3. 合成运动

当主运动与进给运动同时进行时，刀具上某一点相对工件的运动即为合成运动。

4. 加工表面

在切削过程中，工件上有三个不断变化的表面：①待加工表面。工件上有待切除切削层的表面；②已加工表面。工件上经刀具切削后产生的表面；③过渡表面。工件上由切削刃正在加工形成的表面，是待加工表面和已加工表面之间的表面。

（三）切削用量的计算

切削用量是指切削速度、进给量和切削深度三者的总称，它是调整机床，计算切削力、切削功率、时间定额及核算工序成本等所需的参量。

1. 切削速度

切削速度是切削刃上选定点相对工件主运动的线速度。当主运动为旋转运动时，其切削速度公式如下：

$$v_c = \frac{\pi d n}{1000} \tag{2-8}$$

式中：d ——完成主运动的工件或刀具的最大直径（mm）；

$\quad n$ ——主运动的转速（r/min）；

$\quad v_c$ ——切削速度（m/min）。

2. 切削深度

切削深度是切削时，工件上待加工表面与已加工表面的垂直距离。外圆切削时：

$$a_p = (d_w - d_m)/2 \tag{2-9}$$

式中：d_w ——待加工表面直径（mm）；

$\quad d_m$ ——已加工表面直径（mm）；

$\quad a_p$ ——背吃刀量（mm）。

3. 进给量

进给量是当主运动旋转一周时，刀具（或工件）在进给方向上的相对位移量。进给量的大小反映着进给速度 v_f 的大小，关系式为：

$$v_f = fn \tag{2-10}$$

式中: f ——进给量（mm/r）;

$\quad n$ ——主运动的转速（r/min）;

$\quad v_f$ ——进给速度（mm/min）。

（四）切削层参数的计算

切削刃在一次走刀过程中从工件上切下的一层材料称为切削层。切削层的截面尺寸参数称为切削层参数，通常在与主运动方向相垂直的平面内度量。

1. 切削层公称厚度

切削层公称厚度是在过渡表面法线方向测量的切削层尺寸，即相邻两过渡表面之间的距离。反映了切削刃单位长度上的切削负荷。车外圆时:

$$h_D = f\sin\kappa_r \qquad\qquad (2-11)$$

式中: κ_r ——车刀主偏角;

$\quad f$ ——进给量（mm/r）;

$\quad h_D$ ——切削层公称厚度（mm）。

2. 切削层公称宽度

切削层公称宽度是沿过渡表面测量的切削层尺寸，反映了切削刃参加切削的工作长度。车外圆时:

$$b_D = a_p/\sin\kappa_r \qquad\qquad (2-12)$$

式中: a_p ——背吃刀量（mm）;

$\quad \kappa_r$ ——车刀主偏角;

$\quad b_D$ ——切削层公称宽度（mm）。

3. 切削层公称横截面积

切削层公称横截面积是切削层公称厚度与切削层公称宽度的乘积。车外圆时，可得下式:

$$A_D = h_D b_D = fa_p \qquad\qquad (2-13)$$

二、金属切削过程的规律

金属切削过程是指将工件上多余的金属层通过切削加工被刀具切除，形成切屑，使工件获得几何形状、尺寸精度和表面粗糙度都符合要求的零件的过程。在这一过程中，始终存在着刀具切削工件和工件材料抵抗切削的矛盾，从而产生一系列物理现象，如切削变形、切削力、切削热与切削温度，以及有关刀具的磨损与刀具寿命、卷屑与断屑等。对这些现象进行研究，揭示其内在的机理，探索和掌握金属切削过程的基本规律，从而主动地加以有效的控制，对保证工件加工精度和表面质量，提高切削效率，降低生产成本和劳动强度，具有十分重要的意义。

（一）金属的切削变形范围

在切削塑性金属材料时，通常将切削刃作用范围内的切削层划分为以下变形区。

1. 第 I 变形区

金属受到刀具前表面的挤压作用，产生弹性变形，随着外力的增大，当切应力达到金属材料屈服强度时，金属产生塑性变形。如图 2-1 所示[①]，切削层上各点移动至 OA 线开始滑移、离开 OM 线终止滑移，沿切削宽度范围内，称 OA 是始滑移面，OM 是终滑移面。OA、OM 之间为第 I 变形区。由于切屑形成时应变速度很快、时间极短，故 OA、OM 面相距很近，一般为 0.02~0.2mm，所以常用 AOM 滑移面来表示第 I 变形区，AOM 面亦称为剪切面。第 I 变形区就是形成切屑的变形区，其变形特点是切削层产生剪切滑移变形。

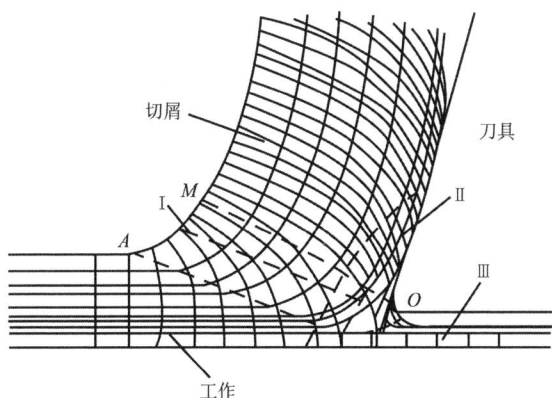

图 2-1 金属切削过程的变形区

---

① 图片引自金晓华. 机械制造技术基础 [M]. 北京：机械工业出版社，2020：17.

2. 第Ⅱ变形区

切屑沿刀具前表面排出时会进一步受到前刀面的阻碍，在刀具和切屑底面之间存在强烈的挤压和摩擦，使切屑底部靠近前刀面处的金属"纤维化"，产生第二次变形，此区域称为第Ⅱ变形区。此变形区的变形是造成前刀面磨损和产生积屑瘤的主要原因。应该指出，第Ⅰ变形区与第Ⅱ变形区是相互关联的。前刀面上的摩擦力大时，切屑排出不顺，挤压变形加剧，将导致第Ⅱ变形区的剪切滑移变形增大。

3. 第Ⅲ变形区

已加工表面上与刀具后表面挤压、摩擦形成的变形区域，称为第Ⅲ变形区。由于刀具刃口不可能绝对锋利，钝圆半径的存在使切削参数中设定的切削公称厚度不可能完全切除，会有很小一部分被挤压到已加工表面上，与刀具后刀面发生摩擦，并进一步产生弹、塑性变形，从而影响已加工表面质量。经切削产生的变形使得已加工表面层的金属晶格产生扭曲、挤紧和碎裂，造成已加工表面的硬度增高，这种现象称为加工硬化。硬化程度高的材料使得切削变得困难，有时还会造成已加工表面出现裂纹和残余应力，使材料的疲劳强度降低。

（二）切屑的主要类型及控制方法

1. 切屑的主要类型

由于工件材料不同，切削条件各异，切削过程中形成的切屑形状是多种多样的。切屑的形状主要分为带状、节状、粒状和崩碎四种类型。

（1）带状切屑。切屑的内表面光滑，外表面毛茸。加工塑性金属材料时，当切削厚度较小、切削速度较高、刀具前角较大时，一般常得到这类切屑。它对应的切削过程平衡，切削力波动较小，已加工表面粗糙度较小。

（2）节状切屑。节状切屑与带状切屑的不同之处在于外表面呈锯齿形，内表面有裂纹。这种切屑大多在切削黄铜或切削速度较低、切削厚度较大、刀具前角较小时产生。对应的切削过程不太平稳，工件已加工表面粗糙度较大。

（3）粒状切屑。如果在节状切屑的剪切面上，裂纹扩展到整个面上，则整个单元被切离，成为梯形的单元切屑。用很低的速度切削钢时可得到这类切屑。粒状切屑在切削时切削力波动大、切削振动大、切削过程不平稳、工件表面粗糙度大，生产中应避免出现此种切屑。

以上三种切屑只有在加工塑性材料时才可能得到。在生产中最常见的是带状切屑，有时得到节状切屑，粒状切屑则很少见。切屑的形态是可以随切削条件转化的，掌握了它的变化规律，就可以控制切屑的变形、形态和尺寸，以达到卷屑和断屑的目的。

（4）崩碎切屑。崩碎切屑属于脆性材料的切屑。这种切屑的形状是不规则的，加工表面凹凸不平。从切削过程来看，崩碎切屑在破裂前变形很小，和塑性材料的切屑形成机理不同。它的脆断主要是由于材料所受应力超过了它的抗拉极限。加工脆硬材料，如高硅铸铁、白口铸铁等，特别是当切削厚度较大时，常得到这种切屑。

由于它对应的切削过程很不平稳，容易破坏刀具，也有损于机床，已加工表面又粗糙，因此在生产中应力求避免。方法是减小切削厚度，使切屑成针状或片状；同时适当提高切削速度，以增加工件材料的塑性。

2. 切屑的控制方法

切屑控制就是控制切屑的类型、流向、卷曲和折断。切屑的控制对切削过程的正常、顺利、安全进行具有重要意义。

切屑经第Ⅰ、第Ⅱ变形区的剧烈变形后，硬度增加，塑性下降，性能变脆。在切屑排出过程中，当碰到刀具后刀面、工件上的过渡表面或待加工表面等障碍时，若某一部位的应变超过了切屑材料的断裂应变值，切屑就会折断。工件材料脆性越大、切削厚度越大、切屑卷曲半径越小，切屑就越容易折断。可采取以下措施对切屑实施控制：

（1）采用断屑槽，通过设置断屑槽对流动中的切屑施加一定的约束力，使切屑应变增大，切屑卷曲半径减小。

断屑槽的尺寸参数应与切削用量的大小相适应，否则会影响断屑效果。常用的断屑槽截面形状有折线形、直线圆弧形和全圆弧形。

刀具前角较大时，采用全圆弧形断屑槽的刀具强度较好。断屑槽位于前刀面上，形式有平行、外斜、内斜三种。外斜式断屑槽常形成 C 形屑和"6"字形屑，能在较宽的切削用量范围内实现断屑；内斜式断屑槽常形成长紧螺卷形屑，但断屑范围窄；平行式断屑槽的断屑范围居于上述两者之间。

（2）改变刀具角度，主要是增大刀具主偏角，使切削厚度变大，有利于断屑。减小刀具前角可使切屑变形加大，切屑易于折断。刃倾角 λ，可以控制切屑的流向，λ 为正值时，切屑常在卷曲后碰到后刀面折断形成 C 形屑，或自然流出形成螺旋屑；λ 为负值时，切屑常在卷曲后碰到已加工表面折断形成 C 形屑或"6"字形屑。

（3）调整切削用量提高进给量 f 使切削厚度增大，对断屑有利；但 f 增大会增大加工表面粗糙度；适当地降低切削速度使切屑变形增大，也有利于断屑，但这会降低材料切除效率。因此，需根据实际条件适当选择切削用量。

3. 积屑瘤的形成及预防

在切削速度不高而又能形成连续切屑，加工一般钢材或其他塑性材料时，常在前刀面切削处黏着一块剖面呈三角状的硬块，称为积屑瘤。其硬度很高，为工件材料的 2~3 倍，处于稳定状态时可代替刀尖进行切削。

（1）形成积屑瘤的条件主要决定于切削温度，此外，接触面间的压力、粗糙程度、黏结强度等因素都与形成积屑瘤的条件有关。

第一，一般来说，塑性材料的加工硬化倾向越强，越易产生积屑瘤。

第二，温度与压力太低，不会产生积屑瘤；反之，温度太高，产生弱化作用，也不会产生积屑瘤。

第三，进给量保持一定时，积屑瘤高度与切削速度有密切关系。

（2）积屑瘤对切削过程的影响。积屑瘤某种程度上可代替刀具进行切削，对切削刃有一定的保护作用，可增大实际前角，对粗加工有利。积屑瘤的顶端从刀尖伸向工件内层，使实际切削厚度发生变化，影响工件的尺寸精度；又由于积屑瘤时而生长时而破裂，使工件表面粗糙度值变大，易引起振动，所以精加工要避免产生积屑瘤。合理控制切削条件，调节切削参数，尽量不形成中温区域，就能较有效地抑制或避免积屑瘤的产生。

（3）防止积屑瘤产生的主要方法。

第一，降低切削速度，使温度较低，黏结现象不易发生。

第二，采用高速切削，使切削温度高于积屑瘤消失的相应温度。

第三，采用润滑性能好的切削液，减小摩擦。

第四，增加刀具前角，以减小切屑与前刀面接触区的压力。

第五，适当提高工件材料硬度，降低加工硬化倾向。

（三）金属切削力

金属切削时，刀具切入工件，使被加工材料发生变形并成为切屑的力，称为切削力。

1. 切削力的主要来源

切削力来源于三个方面：①克服被加工材料对弹性变形的抗力；②克服被加工材料对塑性变形的抗力；③克服切屑与前刀面之间的摩擦力、刀具后刀面与过渡表面和已加工表面之间的摩擦力。

2. 影响切削力的重要因素

实践证明，切削力的影响因素很多，主要有工件材料、切削用量、刀具几何角度、刀具材料、刀具磨损状态和切削液等。

（1）工件材料。第一，硬度或强度提高，剪切屈服强度增大，切削力增大。第二，塑性或韧性提高，切屑不易折断，切屑与前刀面间摩擦力增大，切削力增大。

（2）切削用量。

第一，切削深度（背吃刀量）。进给量增大，切削层面积增大，变形抗力和摩擦力增大，切削力增大。由于背吃刀量对切削力的影响比进给量对切削力的影响大，所以在实践中，当需切除一定量的金属层时，采用大进给切削比大切深切削更省力、省功率，可提高生产率。

第二，切削速度 v_c。加工塑性金属时，切削速度 v_c 对切削力的影响规律和对切削变形的影响一样，都是通过积屑瘤与摩擦作用产生影响的。

切削脆性金属时，因为变形和摩擦均较小，故切削速度 v_c 改变时切削力变化不大。

（3）刀具几何角度。

第一，前角 γ_o。前角增大，变形减小，切削力减小。

第二，主偏角 κ_r。主偏角在 $30° \sim 60°$ 范围内增大时，切削厚度的影响起主要作用，将使主切削力 F_c 减小；主偏角在 $60°\sim90°$ 范围内增大时，刀尖处圆弧和副前角的影响更为突出，将使主切削力 F_c 增大。一般地，$\kappa_r=60°\sim75°$，所以主偏角 κ_r 增大时，主切削力 F_c 增大。在车削轴类零件时，尤其是细长轴，为了减小切深抗力 F_p 的作用，往往采用较大主偏角（$\kappa_r>60°$）的车刀切削。

第三，刃倾角 λ_s。λ_s 对 F_c 影响较小，但对 F_f、F_p 影响较大。λ_s 由正向负转变，则 F_f 减小、F_p 增大。实践应用中，从切削力观点分析，切削时不宜选用过大的负刃倾角 λ_s。

（4）其他因素：①刀具棱面应选较小宽度，使切深抗力 F_p 减小。②刀具圆弧半径增大，切削变形、摩擦增大，切削力增大。③刀具磨损。后刀面磨损增大，刀变钝，与工件之间的挤压、摩擦增大，切削力增大。

（四）切削热和切削温度

切削热除少量散逸到周围介质中外，其余均传入刀具、切屑和工件中，并使它们的温度升高，引起工件变形、加速刀具磨损。

1. 切削热的产生及传导

切削热是由切削功转变而来的。切削热包括剪切区变形功形成的热 Q_D（Q_W）、切屑与前刀面的摩擦功形成的热 Q_J、已加工表面与后刀面的摩擦功形成的热 Q_a。因此，切削时共有三个发热区域，即剪切面、切屑与前刀面接触区、后刀面与已加工表面接触区，三个发热区与三个变形区相对应。所以，切削热的来源就是切屑变形功和前、后刀面的摩擦功。

前刀面和后刀面上的最高温度点都不在切削刃上，而是在离切削刃有一定距离的地方。这是摩擦热沿前刀面逐渐增加的缘故。

2. 切削温度的影响因素

（1）工件材料的影响。工件材料的强度和导热系数对切削温度的影响是很大的。

（2）切削用量的影响。切削用量是影响切削温度的主要因素，通过测温实验可以找出切削用量对切削温度的影响规律。

（3）刀具几何参数的影响。一般地，切削温度随前角的增大而降低。但前角大于 20° 后，对切削温度的影响减弱，这是因为楔角变小而使散热体积减小的缘故。

（4）刀具磨损的影响。后刀面的磨损值达到一定数值后，对切削温度的影响增大；切削速度越高，影响就越显著。合金钢的强度大，导热系数小，所以刀具磨损在切削合金钢时对切削温度的影响比切削碳素钢时大。

（5）切削液的影响。切削液对切削温度的影响与切削液的导热性能、比热容、流量、浇注方式以及本身的温度有很大的关系。从导热性能来看，油类切削液不如乳化液，乳化液不如水基切削液。

（五）切削液、刀具几何参数及切削用量的选择方法

1. 切削液的选用

（1）切削液的分类。

第一，水溶性切削液。水溶性切削液主要成分为水，并加入防锈剂，也可加入适量的表面活性剂和油性添加剂，使其具有一定的润滑性能。

第二，非水溶性切削液。非水溶性切削液主要是切削油，有各种矿物油，如机械油、轻柴油、煤油等；还有动、植物油，如猪油、豆油等；以及加入油性剂、极压添加剂配制的混合油。非水溶性切削液主要起润滑作用。

第三，乳化液。由矿物油、乳化剂及其他添加剂配制的乳化油加 95%～98% 的水稀释而成的乳白色切削液，有良好的冷却性能和清洗作用。

（2）切削液的作用。

第一，润滑作用。切削液渗入到切屑、刀具、工件的接触面间，黏附在金属表面上形成润滑膜，减小它们之间的摩擦因数、减轻黏结现象、抑制积屑瘤，并改善已加工表面的表面质量，提高刀具寿命。

第二，冷却作用。切削液通过最靠近热源的刀具、切屑和工件表面带走大量的切削热，从而降低切削温度，提高刀具寿命，并减小工件与刀具的热膨胀，提高加工精度。水的冷却性能最好，油类最差，乳化液介于两者之间。

第三，清洗作用。切削液可冲走切削时产生的细屑、砂轮脱落下来的微粒等，防止加工表面、机床导轨面受损，有利于精加工、深孔加工、自动生产线加工中的排屑。

第四，防锈作用。加入防锈添加剂的切削液，还能在金属表面形成保护膜，使机床、工件、刀具免受周围介质的腐蚀。

（3）切削液的选用。切削液的使用效果不仅取决于切削液的性能，还与刀具材料、加工要求、工件材料、加工方法等因素有关，应综合考虑，合理选用。

第一，依据刀具材料、加工要求选用。高速工具钢刀具耐热性差，粗加工时应选用以冷却为主的切削液，如3%~5%的乳化液或水溶液；精加工时，主要是获得较好的表面质量，可选用润滑性好的极压切削油或高浓度极压乳化液。

硬质合金刀具耐热性好，一般不用切削液，如必要，也可用低浓度乳化液或水溶液，但应连续、充分地浇注，以免高温下刀片因冷热不均产生热应力，而导致裂纹、损坏等。

第二，依据工件材料选用。加工钢等塑性材料时，需用切削液；而加工铸铁等脆性材料时，一般则不用，原因是使用效果不如加工钢明显，又易污染机床、工作地；对于高强度钢、高温合金等，应选用极压切削油或极压乳化液；对于铜、铝及铝合金，可采用10%~20%的乳化液、煤油，或煤油与矿物油的混合液。

第三，依据加工方法选用。钻孔、攻螺纹、铰孔、拉削等排屑方式为半封闭、封闭状态，宜选用乳化液、极压乳化液和极压切削油；磨削加工常选用半透明的水溶液和普通乳化液。

2. 刀具几何参数的选择

（1）前角的功用与选择。前角影响切削过程中的变形和摩擦，同时也影响刀具的强度。在刀具强度许可条件下，应尽可能选用大的前角。

（2）前刀面的功用与选择。前刀面有平面型、曲面型和带倒棱型三种。

第一，平面型前刀面，制造容易，重磨方便，刀具廓形精度高。

第二，曲面型前刀面，起卷刃作用，并有助于断屑和排屑。主要用于塑性金属粗加工刀具和孔加工刀具，如丝锥、钻头。

第三，带倒棱形前刀面，该种刀面可有效提高刀具强度和刀具寿命。

（3）后角的功用与选择。后角主要是减小后刀面与工件间的摩擦和后刀面的磨损，其大小对刀具寿命和加工表面质量都有很大影响，同时也影响刀具的强度。后角的选用原则：粗加工时以确保刀具强度为主，可在4°~6°范围内选取；

精加工时以确保加工表面质量为主，可在 $8° \sim 12°$ 之内选取。

一般地，切削厚度越大，刀具后角越小；工件材料越软，塑性越大，刀具后角越大。工艺系统刚性较差时，应适当减小后角（切削时起支承作用，增加系统刚性并起消振作用）；尺寸精度要求较高的刀具，后角宜取小值。

（4）主偏角、副偏角的功用与选择。

第一，主偏角 κ_r 的大小影响切削条件（切削宽度和切削厚度的比例）和刀具寿命。在工艺系统刚性很好时，减小主偏角可提高刀具寿命、减小已加工表面的表面粗糙度，所以 κ_r 宜取小值；在工件刚性较差时，为避免工件的变形和振动，κ_r 应选用较大值。

第二，副偏角 κ_r' 影响加工表面的粗糙度和刀具强度。其作用是可减小副切削刃和副后刀面与工件已加工表面之间的摩擦，防止切削振动。κ_r' 的大小主要根据表面粗糙度的要求选取。通常，在不产生摩擦和振动的条件下，κ_r' 应选较小值。

（5）刃倾角的功用与选择。刃倾角 λ_s 主要影响刀头的强度和切屑流动的方向。刃倾角 λ_s 的选用主要根据刀具强度、流屑方向和加工条件而定：粗加工时，为提高刀具强度，λ_s 宜取负值；精加工时，为避免切屑划伤已加工表面，λ_s 常取正值或 0。

3. 切削用量的合理选择

切削用量选择原则：能达到零件的加工质量要求（主要指表面粗糙度和加工精度），并在工艺系统强度和刚性条件允许下，即在充分利用机床功率和发挥刀具切削性能的前提下，选取一组最大的切削用量。

确定切削用量时，考虑的因素主要有切削加工生产率、机床功率、刀具寿命及加工表面粗糙度。

（1）背吃刀量的选择根据加工余量的多少而定，留出下道工序的余量后，其余的粗车余量尽可能一次切除，以使走刀次数最小；当粗车余量太大，或加工的工艺系统刚性较差时，则加工余量分两次或数次走刀切除。

（2）进给量的选择。粗加工时的选择原则：①根据加工系统的刚性确定，如刚性好，进给量可选大些，反之应选小些。②根据切屑是卷屑还是断屑确定，若为断屑，进给量可选大些；若为卷屑，则进给量应选小些。③根据切削过程是断续还是连续确定，断续切削有冲击，考虑刀具的强度，进给量应选小些；连续切削进给量可适当选大些。

精加工时主要考虑工件表面粗糙度的要求。Ra 值越小，进给量也相应越小。

（3）切削速度的确定。按刀具寿命所允许的切削速度来计算。除了用计算方法确定外，生产中经常根据实践经验和有关手册资料选取切削速度。

（4）提高切削用量的途径。

第一，采用切削性能更好的新型刀具材料。

第二，在保证工件力学性能的前提下，改善工件材料的可加工性。

第三，改善冷却、润滑条件。

第四，改进刀具结构，提高刀具制造质量。

（5）选择切削用量时应注意的问题。主轴转速应根据零件上被加工部位的直径，并按零件和刀具的材料及加工性质等条件所允许的切削速度来确定，根据切削速度可以计算出主轴转速。

第三章　机械制造装备设计研究

第一节　机械制造装备设计概述

"我国机械制造业努力研究、创新高效数据装备及精密功能部件等国际领先技术，改变了大型、精密智能化机械制造设备依赖进口的落后局面。"[①]

一、机械制造生产模式的进化

在 20 世纪 50 年代前，机械制造业推行的是"刚性"生产模式，自动化程度低，导致劳动生产率低下，产品质量不稳定；为提高效率和自动化程度，采用"少品种大批量"的做法，强调的是"规模效益"，以实现降低成本和提高质量的目的。

20 世纪 70 年代，随着管理学和信息技术的发展，机械制造业开始通过改善生产过程管理来进一步提高产品质量和降低成本。这一时期的生产模式变革主要集中在生产流程的优化、质量控制的标准化以及生产效率的提升上。企业开始重视生产过程中的每一个环节，通过精细化管理，力求在保证产品质量的同时，降低生产成本。

从 20 世纪 80 年代起，我国开始实行改革开放政策，引进国外的先进制造技术，同时，与发达国家进行广泛的接触与合作。机械制造装备中较多地采用了数控机床、机器人、柔性制造单元和系统等高技术的集成，以满足产品个性化和多样化的要求，满足社会各消费群体的不同要求。机械制造装备普遍具有柔性化、自动化和精密化的特点，以便更好地适应市场经济的需要，适应多品种、小批量

---

① 范青. 机械装备制造及智能化产业发展前沿研究：评《机械装备设计》[J]. 有色金属（冶炼部分），2022（4）：121.

生产和经常更新品种的需要。

随着计算机技术、电子技术及先进制造技术的飞速发展，这些高新技术也被广泛地应用于制造业的各个领域。在产品设计过程中，计算机辅助绘图、辅助设计、三维造型、特征造型等技术的应用，极大地提高了设计的效率和质量。计算机辅助工程分析软件的使用，使得对零件、部件和产品的受力、受热、受振等各种情况的工程分析、计算和优化设计成为可能。

在工艺设计中，计算机技术的应用使得工艺规划、刀具选择、夹具设计等工作得以高效完成。数控技术的发展成为制造业的重要里程碑，通过软件技术生成的刀具轨迹和数控代码，使得数控机床或加工中心能够精确地进行零件加工。此外，物料需求规划、制造资源规划、优化生产技术、准时生产、企业资源计划等优化生产技术应运而生，进一步提高了生产效率和资源利用率。

20 世纪末期，数字化设计与制造的应用也日趋广泛。数字化制造是指在虚拟现实、计算机网络、快速成型、数据库和多媒体等支撑技术下，根据用户需求，迅速收集资源信息，对产品信息、工艺信息和资源信息进行分析、规划和重组，实现产品设计和功能仿真，进而快速生产出满足用户性能要求的产品的整个制造过程。快速响应市场成为制造业发展的一个主要方向。为了快速响应市场，人们提出了许多新的生产制造模式，如敏捷制造、精益-敏捷-柔性（LAF）生产系统、快速可重组制造、全球制造等。其中 LAF 生产系统是全面吸收精益生产、敏捷制造和柔性制造的精髓，包括全面质量管理（TQC）、准时生产、快速可重组制造和并行工程等现代生产和管理技术，是很有发展前景的先进制造模式。

这种全新的生产制造模式的主要特点包括：①以用户需求为中心；②制造的战略重点是时间和速度，并兼顾质量和品种；③以柔性、精益和敏捷作为竞争的优势。现代飞速发展的高新技术对制造业起的作用越来越大，产品生产由大批量生产方式向中小批量生产方式，甚至个性化生产方式转变，以满足激烈竞争的市场经济需求。

目前，我国装备制造业进入全面调整、优化、振兴的发展时期，并大力加强基础研究，在整体布局、局部结构、驱动方式、控制方式等许多方面，智能技术被广泛应用。无论是在运动的高速高精度平滑控制、加工过程的自适应控制、热变形应对、安全运行，还是在简化操作、方便调整与维护保养等方面，均涌现出多种智能技术，将机床的智能控制技术提升到前所未有的高度。工作精度稳定性进一步增强，在热稳定性方面，保证机床在常温环境下长时间工作精度的一致性技术得到越来越多企业的关注，新技术不断涌现。通过引进发达国家装备制造业大量的先进技术，进行消化、吸收和再创新，为我国装备制造业的复兴创造了加速发展的良好环境和有利条件，为21世纪装备制造业的发展打下了坚实的基础。

二、制造业的发展与重要性

制造业是国民经济发展的支柱产业，也是科学技术发展的载体及其转化为规模生产力的工具与桥梁。装备制造业是一个国家综合制造能力的集中体现，重大装备研制能力是衡量一个国家工业化水平和综合国力的重要标准。

近年来，我国高度重视装备制造业的发展，将其作为推动工业结构优化升级的核心内容。数控机床作为振兴装备制造业的重点领域，得到国家的大力支持和投入。在这一过程中，我国坚持科学发展的理念，着力自主创新，完善体制机制，并致力于促进社会和谐。通过组织实施国家自主创新能力建设规划和高技术产业发展规划，我国不断加强自主创新支撑体系的建设，推进重大产业技术与装备的自主研发，实现了高技术产业由大到强的转变。

数控机床制造业在我国已经形成了各具特色的六大发展区域，这些区域的发展不仅促进了地方经济的繁荣，也显著提升了我国在全球制造业中的地位和影响力。东北地区作为我国数控车床、加工中心、重型机床和锻压设备、量刃具的主要开发生产区，沈阳、大连、齐齐哈尔、哈尔滨等地的机床行业对全国金属切削机床行业的发展起到了举足轻重的作用。东部地区则以数控磨床为主要特色，长江三角洲地区更是成为磨床、电加工机床、板材加工设备、工具和机床功能部件的主要生产基地。西部地区则重点发展齿轮加工机床，西南地区和西北地区的特色发展也日益凸显。中部地区以重型机床和数控系统为主要发展方向，武汉重型机床集团有限公司和武汉华中数控股份有限公司等企业在该地区的发展中起到关键作用。环渤海地区和珠江三角洲地区则分别以加工中心和液压压力机、数控系统和功能部件为主要发展方向，这些区域的发展为我国的制造业注入了新的活力。

通过这些区域的协同发展，我国的自主创新能力和国际竞争力得到了全面提升，为经济结构的调整、经济增长方式的转变以及全面建成小康社会的奋斗目标奠定了坚实的基础。这些成就的取得，标志着我国在自主创新和高技术产业方面发生了历史性巨变，取得了显著发展成果。

在未来的发展中，我国制造业应继续坚持创新驱动发展战略，加强与国际先进水平的交流与合作，不断提升自主创新能力，推动制造业的质量变革、效率变革和动力变革，为实现制造强国的目标而不懈努力。通过这些努力，我国制造业将在全球化的大背景下，不断提升自身的竞争力，为国家的繁荣发展作出更大的贡献。

三、机械制造装备的发展方向

我国机械制造业正在实现"制造—智造"的转折和跨越，产品要有未来、技术要有特色、质量要高、售后服务要好，这是一条推动我国机械制造业由弱变强的有效道路。随着制造业生产模式的演变，对机械制造装备提出了不同的要求，使现代化机械制造装备的发展呈现如下趋势。

（一）向高速、高效、自动化方向发展

高速和高精度加工是制造技术永无止境的追求，效率、质量是先进制造技术的主体。高速、高精加工技术可使数控系统能够进行高速插补、高实时运算，在高速运行中保持较高的定位精度，极大地提高效率、产品的质量和档次，缩短生产周期和提高市场竞争力。

高效与自动化是机床性能的重要标志，现代机床以减少和降低生产过程人工参与、缩短加工时间、实现少人或无人连续高效生产为目标，不断取得新成果、新进展。高效与自动化紧密相连，高效的机型设计与工业机器人以及现代信息技术与自控技术的结合，成就了现代高性能装备的高速发展。具有多主轴、多刀、多工位同时加工能力的机床，无疑是高效与自动化的完美结合。这类机床发展很快，品种样式多且组态各异。

（二）多功能复合化、柔性自动化的产品成为主流

在当今快速发展的制造业中，多功能复合化和柔性自动化已成为产品发展的

主要趋势。多功能复合加工机床的发展已经超越了传统的简单零件加工，转而专注于结构复杂、形状各异的箱体类零件加工，以及更为复杂的零件加工任务。这种机床能够在同一台设备上完成多种加工工艺，如焊铣复合、镗铣珩磨复合、车磨复合等，从而提高生产效率和加工精度。这种复合工艺的应用，不仅丰富了机床的类型，也扩展了其应用领域，使得生产过程更加高效和灵活。

柔性制造系统是一个由计算机集成管理和控制、高效率地制造某一类中小批量多品种零部件的自动化制造系统，通常包括多台数控机床，由集中的控制系统及物料搬运系统连接起来，可在不停机的情况下实现多品种、中小批量的加工及管理。柔性制造系统能根据制造任务或生产环境的变化迅速进行调整，具备可以在装夹工位、加工设备、交换工作站之间运送及储存工件的运储系统；同时，还可以配置切屑收集、工件清洗等配套设备，以适用于多品种、中小批量生产。

柔性制造线的加工设备可以是通用的加工中心、数控机床，亦可采用专用机床或数字控制专用机床，对物料搬运系统柔性的要求低于柔性制造系统，但生产率更高。它是以离散型生产中柔性制造系统和连续生产过程中的分散型控制系统为代表，特点是实现生产线柔性化及自动化。

柔性制造工厂是由计算机系统和网络，通过制造执行系统，将设计、工艺、生产管理及制造过程的所有柔性单元、柔性线连接起来，配以自动化立体仓库，实现从订货、设计、加工、装配、检验、运送至发货的完整的数字化制造过程。它将制造、产品开发及经营管理的自动化连成一个整体，是以信息流控制物质流的智能制造系统为代表，实现整个工厂的柔性化及自动化。

（三）实行绿色制造与可持续发展战略

在经济全球化背景下，制造业作为推动经济增长的重要力量，其发展模式和方向对全球资源配置、环境保护以及社会可持续发展产生了深远影响。随着经济的快速发展，传统制造业在创造巨大物质财富的同时，也带来了资源的大量消耗和环境的严重污染，这种"高投入、高消耗、高污染"的生产模式已经成为制约可持续发展的主要障碍。因此，探索和实施绿色制造与可持续发展战略，成为现代制造业转型升级的必然选择。

绿色制造是一种全新的制造理念，它强调在生产过程中兼顾经济效益、环境保护和资源节约，力求实现制造业的可持续发展。这一理念的实施，不仅有助于缓解资源短缺和环境污染问题，而且对于推动制造业结构调整、提高产业竞争力具有重要意义。绿色制造的实施，是落实科学发展观、构建资源节约型和环境友好型社会的具体体现，也是推动中国制造业向"生态文明"转型的重要途径。

为了实现绿色制造，需要从多个层面进行努力：①在产品设计阶段，应注重环保和资源效率，采用生态设计和生命周期评价方法，减少产品全生命周期对环境的影响；②在生产过程中，应采用先进的生产工艺和设备，提高资源利用效率，减少废弃物的产生；③加强绿色供应链管理，推动上下游企业共同参与绿色制造，实现整个产业链的绿色化。

在绿色制造的实践中，废旧机械装备的再制造是一个重要领域。通过对废旧装备进行评估、修复和再设计，不仅可以延长其使用寿命，而且可以减少对新资源的需求，实现资源的循环利用。同时，废旧机械零部件的绿色修复处理技术也是关键，它能够有效降低再制造成本，提高再制造产品的质量和性能。此外，信息化技术的应用可以提升再制造过程的管理水平和效率，而制定相关的技术标准和规范则有助于规范和指导再制造行业的发展。

在推动绿色制造的过程中，绿色科技的研发和应用至关重要。通过科技创新，可以开发出更多高效节能、降耗减排的新技术和新产品，从而提升制造业的环保水平。同时，政府和企业应加强合作，推广绿色制造的理念和技术，提高公众的环保意识，共同推动"中国绿色制造"的发展。

（四）智能制造技术和智能化装备的新发展

智能制造是面向 21 世纪的先进制造模式，提高底层加工设备的智能性是智能制造系统的重要研究课题。机器智能化是智能制造的主要研究内容之一，包括智能加工机床、智能工具和材料传送、智能检测和试验装备等，要求具有加工任务和加工环境的广泛适应性，能够在环境和自身的不确定变化中自主实现最佳行为策略。

智能加工机床作为智能制造的重要组成部分，其发展水平直接影响整个制造业的效率和质量。智能机床不仅继承了数控机床和加工中心的自动化加工功能，还通过集成先进的感知、推理、决策、控制、通信和学习能力，实现了对加工过程的智能管理。这种智能化的升级，使得机床能够在面对环境变化和加工要求变化时，自主调整加工策略，优化加工参数，从而保证加工质量和效率。

智能机床的智能技术，通过传感技术和多信息融合技术，对加工过程中的各种随机变化因素进行实时监控和智能处理。主要包括对加工对象的状态、加工环境的变化、加工要求的调整等进行实时识别、判断和控制。通过这种方式，智能机床能够在保证加工质量的同时，提高加工效率和生产效能，确保生产过程的安全性和稳定性。这一技术对于应对当前产品结构日益复杂、精度要求不断提高、交货时间不断缩短的市场环境，具有重要的现实意义。

智能机床的定义强调了机床的自主监控和分析能力，以及根据分析结果自行采取应对措施的能力。这种能力使得智能机床能够适应柔性和高效生产系统的要求，实现自适应的优化加工。智能机床的数字化特点，包括先进的网络方案、强大的通信功能、灵活兼容的开放性以及丰富的应用软件，使得数控系统从传统的"机床控制器"转变为"数字化制造管控器"，数控机床从"制造机器"升级为"数字化单元"。

智能工厂则是在数字化工厂的基础上，通过物联网技术和监控技术的应用，进一步提升信息管理服务水平，提高生产过程的可控性，优化生产计划排程，减少生产线的人工干预。智能工厂以产品全生命周期的相关数据为基础，在计算机虚拟环境中对整个生产过程进行仿真、评估和优化，实现生产过程的智能化管理和控制。同时，智能工厂集成了初步智能手段和智能系统等新兴技术，构建了高效、节能、绿色、环保、舒适的人性化生产环境。

（五）我国自主创新和高新技术的创新发展

我国已在自主创新和高新技术领域取得了显著的进步。企业自主创新能力的不断提升，使得拥有自主知识产权的产品层出不穷，为我国的经济发展和科技进步作出了重要贡献。这些成就的取得，是我国科技战略和创新政策的直接体现，也是我国科技人员不懈努力的结果。

在高新技术领域，直接驱动技术的发展尤为突出。与传统的"旋转伺服电动机+滚珠丝杠"等机床驱动方式相比，直接驱动技术在最高速度和加速度上都有显著提升。这种技术的应用，推动了数控机床向高速、高效、高精度、智能性、环保化方向发展。高速切削加工进给系统要实现快速的伺服控制和误差补偿，必须具备很高的定位精度和重复定位精度。直接驱动技术特别适用于高速、超高速加工，以及生产批量大、定位运动频繁变化的场合。除了直线电动机在高速加工中心的应用外，力矩电动机直接驱动在磨床、锯床、激光切割机、等离子切割机、线切割机等机床设备上也有广泛应用。在五轴铣床等高精度加工设备上，直接驱动技术的应用更是发挥了重要作用。

第二节　工业机器人系统设计

一、驱动与传动系统设计

要使机器人运行，需给机器人各个关节即每个运动自由度安装传动装置，同时需要提供机器人各部位、各关节动作的原动力。

（一）驱动系统设计

工业机器人的驱动系统是带动操作机各运动副的动力源，常用的驱动方式包括电动机驱动、液压驱动、气压驱动三种。

1. 电动机驱动

电动机驱动装置的能源简单，速度变化范围大、效率高，速度和位置精度都很高。其多与减速装置相连，直接驱动比较困难。电动机驱动装置又可分为直流（DC）伺服电动机驱动、交流（AC）伺服电动机驱动和步进电动机驱动。直流伺服电动机的原理是：电枢气流与气隙磁通的作用产生电磁转矩，使伺服电动机转动。交流伺服电动机驱动中，将交流电信号转换为轴上的角位移或角速度。步进电动机驱动多为开环控制，控制简单但功率不大，多用于低精度小功率机器人系统。

直流伺服电动机分为有刷和无刷两种。有刷直流伺服电动机成本低、结构简单、起动转矩大，调速范围宽；无刷直流伺服电动机体积小、重量轻、出力大、响应快、速度高、惯量小、转动平滑、力矩稳定、容易实现智能化，并且其电子换相方式灵活，可以方波换相或正弦波换相，效率很高。

交流伺服电动机由定子和转子构成。定子上有励磁绕组和控制绕组，这两个绕组在空间相差90°电角度。伺服电动机内部的转子是永磁铁，驱动器控制的U/V/W三相电形成电磁场，转子在此磁场的作用下转动。

步进电动机是一种将电脉冲信号转换成机械角位移的机电执行元件。当有脉冲信号输入时，每个输入脉冲对应电动机的一个固定转角。它是唯一能够以开环结构用于机器人的伺服电动机。

2. 液压驱动

液压驱动通过液压缸体和活塞杆的相对运动实现直线运动。其优点为功率大、结构紧凑、刚性好、响应快、伺服驱动精度较高，可省去减速装置而直接与被驱动的杆件相连；缺点是需要增设液压源，易产生液体泄漏，不适合高、低温场合。液压驱动目前多用于特大功率的机器人系统。液压驱动中所使用的压力为0.5~14MPa，最高可达20~30MPa，但机器人中多采用0.6~7MPa。液压系统的工作温度一般控制在30~80℃为宜。

3. 气压驱动

气压驱动具有速度快、系统结构简单、维修方便、价格低等特点，适于在中、小负荷的机器人中采用。但其难于实现伺服控制，多用于程序控制的机器人中，如上、下料和冲压机器人。

与液压驱动装置相比，气压驱动系统功率较小、刚度差、噪声大、速度不易控制，所以多用于精度不高的点位控制机器人。气压驱动的机器人使用的空气压力通常为0.4~0.6MPa，最高可达10MPa。

（二）工业机器人的传动系统设计

工业机器人的运动是由驱动系统经各种机械传动装置减速后实现的。传动部件是构成工业机器人的重要部件，用户要求机器人速度高、加/减速度特性好、运动平稳、精度高，这跟传动部件设计的合理性有直接关系。工业机器人中常用的机械传动机构有齿轮传动、蜗杆传动、滚珠丝杠螺母副传动、同步带传动、链传动、绳传动和钢带传动等。在工业机器人中，齿轮传动较为常见，常用的齿轮传动减速装置有谐波传动减速装置和 RV 传动减速装置。

1. RV 传动减速装置

（1）工作原理。RV 减速器由一个行星齿轮减速机的前级和一个摆线针轮减速机的后级组成，是以中心圆盘支承结构为特征的二级减速器。相比机器人中常用的谐波减速传动装置，其疲劳强度、刚度和寿命高，且回差精度稳定，不像谐波齿轮传动装置那样随着使用时间增长运动精度显著降低，故高精度机器人传动多采用 RV 减速器。

（2）传动比计算。RV 传动减速器为二级减速，第一级为行星轮传动，第二级为滚针轮少差齿传动。当行星轮自转一周的时候，第二级转动一个齿，这就是所谓的少差齿。滚针轮转动方向与行星轮自转方向相反，即输入轴和输出轴转动方向同向。传动比为 i ＝外圈滚针数×行星轮齿数/太阳轮齿数。外圈滚针数＝滚针轮齿数+1，用于增大啮合线长度，增加负载性能。

第一级行星传动比为：

$$i_{12}^{6} = \frac{n_1 - n_6}{n_2 - n_6} = -\frac{z_2}{z_1} \tag{3 - 1}$$

第二级摆线针轮行星传动比为：

$$i_{45}^{3} = \frac{n_4 - n_3}{n_5 - n_3} = \frac{z_5}{z_4} \tag{3 - 2}$$

由其传动原理可知，二级系杆转速等于一级传动的行星轮转速，即 $n_3 = n_2$。行星架的转速等于摆线轮的自转转速，即 $n_6 = n_4$。因此，RV 减速器的传动比为：

$$i_{16} = \frac{n_1}{n_6} = 1 + \frac{z_2 z_5}{z_1 (z_5 - z_4)} \tag{3 - 3}$$

式中：z_1——输入轴太阳轮齿数；

　　　z_2——行星轮齿数；

　　　z_4——摆线轮齿数；

　　　z_5——针轮齿数。

可以看出，RV 减速器的传动比不等于两级速比的乘积。行星轮自转方向与公转方向相反，且当公转一转时，才自转（$z_5 - z_4$）／z_4 转，即：

$$\frac{n_6}{n_3} = -\frac{z_5 - z_4}{z_4} \tag{3 - 4}$$

（3）RV 减速器在机器人中的应用。RV 减速器具有抗冲击力强、转矩大、定位精度高、振动小、减速比大等优点，广泛应用于工业机器人和机床等设备。为了进一步满足关节小型化、轻量化的要求，设计出了主轴承内装形式的 RV 减速器，即 RV-A 系列减速器。RV-A 系列减速器重量轻、构件少、成本低，同时不需要严格控制装配精度，减少了组装工时和装配失误带来的麻烦。起初，RV-A 系列减速器是作为机器人的手腕关节部件而研制的，但由于其成本低廉，现在不仅应用于手腕关节，还应用于肩、胳膊等关节。

2. 谐波传动减速装置

谐波减速器是谐波传动减速装置的一种，主要用于负载小的工业机器人或大型机器人末端。谐波减速器主要包括刚轮、柔轮、轴承和波发生器。其中，刚轮的齿数略多于柔轮的齿数，通常多 2 个齿；柔轮的外径略小于刚轮的内径。波发生器的椭圆形形状决定了柔轮和刚轮的轮齿接触点分布在介于椭圆中心的两个对立面。波发生器转动的过程中，柔轮和刚轮轮齿接触部分开始啮合。波发生器每顺时针旋转 180°，柔轮就相对于刚轮逆时针旋转 1 个齿数差。在 180° 对称的两处，全部齿数的 30% 以上同时啮合，实现了其高转矩传递。

（1）工作原理。谐波齿轮传动是基于一种变形原理，即通过柔轮变形时其径向位移和切向位移间的转换关系，从而实现传动机构的力和运动的转换。谐波齿轮传动通过柔轮所产生的可控弹性变形来传递运动和动力，可实现减速或增速，也可实现两个输入一个输出，组成差动传动。

当刚轮固定，波发生器为主动，柔轮为从动时，柔轮在椭圆凸轮的作用下产生变形，在波发生器长轴两端的柔轮轮齿与刚轮轮齿完全啮合；在短轴两端的柔轮轮齿与刚轮轮齿完全脱开；在波发生器长轴与短轴之间的区域，柔轮轮齿与刚轮轮齿有的处于半啮合状态，有的则逐渐退出啮合处于半脱开状态。由于波发生器的连续转动，使得啮入、完全啮合、啮出、完全脱开这四种情况依次循环脱开变化。由于柔轮比刚轮的齿数少 2 个，所以当波发生器转动一周时，柔轮向相反方向转过两个齿的角度，从而实现大的减速比。

（2）传动比计算。在传动过程中，波发生器转一周，柔轮上某点变形的循环次数称为波数，用 n 表示。常用的是双波和三波两种，双波传动的柔轮应力较小，结构比较简单，易于获得大的传动比，为目前应用最广的一种。从传动效率考虑和实际应用需要，常用的谐波齿轮传动可分为以下情况。

第一，波发生器主动，刚轮固定，柔轮从动时，波发生器与柔轮的减速传动比为：

$$i_{HR}^{C} = \frac{n_H}{n_R} = -\frac{z_H}{z_G - z_R} \qquad (3-5)$$

式中：z_G、z_R——刚轮与柔轮的齿数；

n_H、n_R——波发生器和柔轮的转速。

第二，波发生器主动，柔轮固定，刚轮从动时，波发生器和刚轮的减速传动比为：

$$i_{HG}^{R} = \frac{n_H}{n_G} = \frac{z_G}{z_G - z_R} \qquad (3-6)$$

式中：n_G——刚轮的转速。

波发生器固定时，若刚轮主动而柔轮从动，其传动比略大于 1；反之，柔轮主动而刚轮从动时，其传动比略小于 1。而当波发生器从动时，无论刚轮固定、柔轮主动，还是柔轮固定、刚轮主动，均具有较大的增速传动比。

（3）工业机器人中的应用。由于谐波减速传动装置具有传动比大、承载能力强、传动精度高、传动平稳、效率高、体积小、重量轻等优点，已广泛应用于工业机器人中。目前工业机器人中常用的谐波减速器有带杯形柔轮的谐波传动、带环形柔轮的外啮合复波式谐波传动和带环形柔轮的谐波减速传动三种传动形式。

3. 其他传动装置

（1）滚珠丝杠螺母副传动。丝杠螺母副是把回转运动变换为直线运动的重要传动部件。由于丝杠螺母机构是连续的面接触，因此传动中不会产生冲击，传动平稳，无噪声，并且能自锁。丝杠的螺旋升角较小，所以用较小的驱动力矩即可获得较大的牵引力。但丝杠螺母副的螺旋面之间的摩擦为滑动摩擦，故传动效率低。滚珠丝杠采用滚珠滚动代替普通丝杠螺母的滑动，故其传动效率高，而且传动精度和定位精度均很高，在传动时灵敏度和平稳性亦很好；由于磨损小，使用寿命比较长。缺点是不能自锁。滚珠丝杠及螺母的材料对热处理和加工工艺要求高，故成本较高。

（2）活塞缸和齿轮齿条传动。齿轮齿条机构是通过齿条的往复移动，带动与手臂连接的齿轮做往复回转运动，即实现手臂的回转运动。带动齿条往复移动的活塞缸可以由压力油或压缩空气驱动。

（3）链传动、同步带传动、绳传动和钢带传动。这四种传动方式常用在机器人采用远距离传动的场合。链传动具有高的载荷/重量比；同步带传动与链传动相比重量轻、传动均匀、平稳；绳传动广泛应用于机器人的手爪开合传动上，特别适合有限行程的运动传递；钢带传动是把钢带末端紧固在驱动轮和被驱动轮上，适合于有限行程的传动。

二、机械结构系统设计

"现代机械系统与机械结构设计的创新发展，推动着生产模式的巨大变革，以自动化、智能化为代表的工业机器人，逐渐取代人工操作，成为许多工业生产领域的重要支柱。"[①]

工业机器人机械结构系统由机身、手臂、手腕和末端执行器等部分组成。机身是机器人的基础部分，起支承作用。手臂、手腕由驱动系统通过传动机构带动，以实现机器人末端执行器在空间中所要求的位置和姿态。

（一）机身的设计

工业机器人的机身是机器人手臂的支承部分，是直接连接、支承和转动手臂的部件。

1. 机身的设计要求

（1）有足够大的安装基面，以保证机器人工作时整体的稳定性。

（2）机器人机身的腰部轴及轴承的结构要有足够大的强度和刚度，以保证其承载能力。

（3）轴系及传动链的精度与刚度，以保证末端执行器的运动精度。

---

① 周莉萍，李召. 机械结构设计技术与流程：《工业机器人机械系统》［J］. 铸造，2022，71（1）：122.

2. 典型的机身结构

（1）回转与升降型机身。

第一，回转运动采用摆动液压缸驱动，回转液压缸在下，升降液压缸在上，相比之下，回转液压缸的驱动力矩要设计得大一些。

第二，回转运动采用摆动液压缸驱动，升降液压缸在下，回转液压缸在上。因摆动液压缸安置在升降活塞杆的上方，故活塞杆的尺寸要加大。

第三，链条传动机构。链条传动是将链条的直线运动变为链轮的回转运动，它的回转角度可大于360°。

（2）回转与俯仰型机身。俯仰型机身结构由实现左右回转的手臂和上下俯仰的部件组成，其用手臂的俯仰运动部件代替手臂的升降运动部件。机器人俯仰运动大多采用摆式直线缸驱动，一般采用活塞缸与连杆机构实现。手臂俯仰运动用的活塞缸位于手臂的下方，活塞杆和手臂用铰链连接，缸体采用尾部耳环或中部销轴等方式与立柱连接。此外，也可采用无杆活塞缸驱动齿条齿轮或四连杆机构实现手臂的俯仰运动。

（3）移动式机身。移动式机身是一种可以移动的平台载体，可在较大工作场所完成事先为其规划好的工作任务。根据移动机构的不同类型，又可以分为轮式移动机身、履带式移动机身和步足移动机身等。在机械制造领域，移动式机身以轮式移动机身中的自动导航车出现的形式最多，其功能是末端执行器上装载货物，即物料，如毛坯、半成品、成品工件、刀具、夹具等，按照导航及控制装置要求的路径，通过车轮相对地面自动行驶，将货物运送到作业站点。

第一，轮式移动机身的分类。可以根据轮子约束类型将轮式移动机身划分为非完整约束类型移动机身和完整约束类型移动机身两种。非完整约束类型移动机身不能够实现全方位移动，其轮式结构主要是普通车辆橡胶轮；完整约束条件下的全方位移动机身的轮式结构则不同，其轮式结构较为特殊，种类也比较复杂，主要有瑞典轮、连续切换轮和正交轮等。完整约束条件下的全方位移动机身拥有独特的行走方式和灵活的移动方式，广泛应用于工业领域中通道狭窄、空间有限的环境。不论是完整约束类型还是非完整约束类型的移动机身，都存在多种轮式分类。其中，最为常见的是两轮式移动机身、三轮式移动机身以及四轮式移动机身。

第二，AGV 运动学。AGV 有两组差速驱动转向装置，每组通过承重回转支承与车体连接，每个车轮装备一个驱动电动机，其他为随动轮。这种结构完全靠内外转向轮之间的速度差来实现转向。通过控制后面两个轮的速度比可实现车体的转向，并实现 AGV 小车前后双向行驶和转向。

第三，多 AGV 调度机械制造车间通常由多个 AGV 实现配送调度，其大都由装配区和配件区两部分组成。装配区主体为设备装配线，线上包含多个工位，每个工位旁设有缓存区，用以临时存放装配所需配件和相关材料。缓存区空间有限，存货过多会影响工人活动或者阻碍工位旁交通，降低生产率；存货不足则无法完成装配任务，导致生产停滞。配件区按照生产计划和当前工位需求为装配区各工位配送所需配件和相关材料。配送工具选用多辆 AGV，当多个工位同时发出配送请求时，调度中心需要根据优化目标将任务按顺序分配给 AGV 完成。

（二）手臂的设计

关节式工业机器人的手臂是由关节连在一起的多个机械连杆的集合体，实质上是一个拟人手臂的空间开链式机构，一端固定在机身上，另一端连接手腕。

1. 手臂的设计要求

（1）尽可能使手臂各关节轴相互平行，相互垂直的轴相交于一点，以简化机器人正逆运动学计算。

（2）结构尺寸应满足机器人工作空间的要求。工作空间的形状和大小与机器人手臂的长度、手臂关节的转动范围有密切的关系。但机器人手臂末端工作空间并没有考虑机器人手腕的空间姿态要求，如果对机器人手腕的姿态提出具体的要求，则其手臂末端可实现的空间要小于没有考虑手腕姿态的工作空间。

（3）在保证机器人手臂有足够强度和刚度的条件下，选用轻质材料，并进行结构轻量化设计，减轻机器人手臂的重量，以提高机器人的运动速度与控制精度。

（4）各关节的轴承间隙要尽可能小，或者提供便于调整的轴承间隙调整机构，以减小机械间隙所造成的运动误差。

（5）机器人的手臂相对其关节回转轴应尽可能在重量上平衡，以减小电动机负载和提高机器人手臂运动的响应速度。尽可能利用在机器人上安装的机电元器件与装置的重量来减小机器人手臂的不平衡重量，必要时还要设计平衡机构来平衡手臂上残余的不平衡重量。

（6）考虑各关节的限位开关和具有一定缓冲能力的机械限位块，以及驱动装置、传动机构及其他元件的安装。

2. 典型的手臂结构

工业机器人手臂主要包括臂杆及与其伸缩、屈伸或自转等运动有关的构件。此外，还有与腕部或手臂的运动和连接支承等有关的构件、配管配线等。当行程较小时，采用液压缸直接驱动；当行程较大时，可采用液压缸驱动齿条传动的倍增机构、步进电动机及伺服电动机驱动，也可用滚珠丝杠螺母传动。为了增加手臂的刚性，防止手臂在伸缩运动时绕轴线转动或产生变形，臂部伸缩机构需设置导向装置或臂杆。常用的导向装置有单导向杆和双导向杆等。

（1）手臂直线运动机构。机器人手臂的伸缩、升降及横向移动均属于直线运动，而实现手臂往复直线运动的机构很多，常用的有活塞液压缸、活塞缸和齿轮齿条机构、滚珠丝杠螺母机构及活塞缸和连杆机构等形式。

（2）手臂俯仰和回转机构。机器人的手臂俯仰运动，一般采用活塞缸与连杆机构来实现。

（3）手臂回转与升降机构。实现机械手臂回转运动的机构有叶片式回转缸、齿轮传动机构、链传动机构、连杆机构等。齿轮齿条机构是通过齿条的往复移动，带动与手臂连接的齿轮做往复回转，即实现手臂的回转运动。带动齿条往复移动的活塞缸可以由压力油或压缩气体驱动。手臂回转和升降机构常采用回转液压缸与升降液压缸单独驱动，适用于升降行程短而回转角度小于360°的情况，也有用升降液压缸与气动马达锥齿轮传动的机构。

（三）手腕的设计

工业机器人腕部是手臂和末端执行器的连接部件，起支承末端执行器和改变末端执行器空间姿态的作用。机器人一般具有6个自由度才能使手部达到目标位置和处于期望的姿态，腕部上的自由度主要用于实现所期望的姿态。

为了使末端执行器能处于空间任意方向，要求腕部能实现绕空间 X、Y、Z 三个坐标轴转动，即具有翻转、俯仰和偏转三个自由度。通常把腕部的回转称为

Roll，用 R 表示；腕部的俯仰称为 Pitch，用 P 表示；腕部的偏转称为 Yaw，用 Y 表示。

1. 手腕的设计要求

（1）根据作业需要设计手腕的自由度数。手腕自由度数目越多，灵活性越高，机器人对作业的适应能力也越强。但自由度的增加会使腕部结构更复杂，机器人的控制更困难。因此，在满足作业要求的前提下，应使自由度数尽可能少。一般的机器人手腕的自由度数为 2~3 个。

（2）尽量减少机器人手腕重量和体积，使结构紧凑。腕部机构的驱动器采用分离传动，一般安装在手臂上，而不采用直接驱动，并选用高强度的铝合金制造。

（3）机器人手腕要与末端执行器有标准的法兰连接，结构上要便于装卸。

（4）机器人的手腕机构要有足够的强度和刚度，以及可靠的传动间隙调整机构，以保证力与运动的传递，提高传动精度。

（5）手腕各关节轴转动要有限位开关，并设置硬限位，防止超限造成机械损坏。

2. 典型的手腕结构

（1）单自由度回转运动手腕。

（2）具有两个自由度的机械传动手腕。两个自由度手腕可以是由一个 P 关节和一个 R 关节组成的 PR 手腕；也可以是由一个 P 关节和一个 Y 关节组成的 PY 手腕。但不能由两个 R 关节组成 RR 手腕，因为两个 R 关节共轴时会减少一个自由度，实际只构成单自由度手腕。两个自由度手腕中最常用的是 PR 手腕。

（3）具有三个自由度的机械传动手腕。驱动手腕运动的三个电动机安装在手臂后端，减速后经传动轴将运动和力矩传给 B、S、T 三根轴，产生手爪回转、手腕俯仰和手腕偏转以及附加运动等。

（四）末端执行器的设计

1. 末端执行器的主要分类和设计要求

工业机器人的末端执行器是装在工业机器人手腕上直接抓握工件或执行作业

的部件。对于整个工业机器人来说，末端执行器是完成作业好坏的关键部件之一。工业机器人的末端执行器可以像人手那样有手指，也可以没有手指；可以是类人的手爪，也可以是进行专业作业的工具，如装在机器人手腕上的喷漆枪、焊接工具等。

（1）按用途分类。

第一，手爪。手爪具有一定的通用性，其主要功能是：抓住工件—握持工件—释放工件。

第二，专用操作器。也称作工具，是进行某种作业的专用工具，如机器人涂装用的喷漆枪、机器人焊接用的焊枪等。

（2）按夹持方式分类。

末端执行器按照夹持方式划分，可以分为外夹式末端执行器、内撑式末端执行器和内外夹持式末端执行器三类。

（3）按工作原理分类。

第一，夹持类末端执行器。通常又称为机械手爪，可分为靠摩擦力夹持和吊钩承重两种。

第二，吸附类末端执行器。有磁力类吸盘和真空（气吸）类吸盘两种。磁力类吸盘主要是磁力吸盘，有电磁吸盘和永磁吸盘两种。

设计末端执行器时的要求是：不论是夹持或吸附，末端执行器需具有满足作业需要的足够的夹持（吸附）力和所需的夹持位置精度。应尽可能使末端执行器结构简单、紧凑、重量轻，以减轻手臂的负荷。专用的末端执行器结构简单，工作效率高，而能完成多种作业的"万能"末端执行器则有结构复杂和费用昂贵的缺点。因此建议设计可快速更换的系列化、通用化专用末端执行器。

2. 夹持类末端执行器的主要分类和设计

（1）夹钳式手部。夹钳式手部根据手指开合的动作特点分为回转型手部和平移型手部。回转型夹钳式手部又有一支点回转和多支点回转之分。根据手爪夹紧是摆动还是平动，回转型夹钳式手部又可分为摆动回转型和平动回转型。

平移型夹钳式手部通过手指的指面做直线往复运动或平面移动来实现张开或闭合动作，常用于夹持具有平行平面的工件。其夹持结构有平面平行移动机构和直线往复移动机构两种类型。

（2）钩拖式手部。钩拖式手部的主要特征是不靠夹紧力来夹持工件，而是利用手指对工件钩、拖、捧等动作来拖持工件。应用钩拖方式可降低驱动力的要求，简化手部结构，甚至可以省略手部驱动装置。钩拖式手部适用于在水平和垂直面内做低速移动的搬运工作，尤其对大型笨重的工件或结构粗大而重量较轻且易变形的工件更为有利。

（3）弹簧式手部。弹簧式手部靠弹簧力的作用将工件夹紧，手部不需要专用的驱动装置，结构简单。其使用特点是工件进入手指和从手指中取下工件都是强制进行的。由于弹簧力有限，故弹簧式手部只适用于夹持轻小工件。

3. 吸附式末端执行器的主要分类与设计

（1）气吸类吸盘。气吸类吸盘由吸盘、吸盘架及进排气系统组成，利用吸盘内的压力和大气压之间的压力差工作，具有结构简单、重量轻、使用方便可靠、对工件表面没有损伤、吸附力分布均匀等优点，广泛应用于非金属材料或不可有剩磁材料的吸附，但要求物体表面较平整光滑、无孔无凹槽、冷搬运环境。按形成压力差的原理，气吸类吸盘可分为真空吸盘、气流负压吸盘和挤气负压吸盘三种。

第一，真空吸盘。利用真空泵产生真空，真空度较高，取料时，碟形橡胶吸盘与物体表面接触在边缘起到密封和缓冲作用，然后真空抽气，吸盘内腔形成真空，吸取物料。放料时，管路接通大气，失去真空，物体放下。为避免在取、放料时产生撞击，有的真空吸盘还在支承杆上配有弹簧起缓冲作用。

第二，气流负压吸盘。利用伯努利效应，当压缩空气通入时，由于喷嘴的开始一段是逐渐收缩的，使气流速度逐渐增加，当管路横截面收缩到最小处时气流速度达到临界速度，然后喷嘴管路的横截面逐渐增加，与橡胶皮碗相连的吸气口处产生很高的气流速度，其出口处的气压低于吸盘腔内的气压，于是腔内的气体被高速气流带走而形成负压，完成取物动作。切断压缩空气即可释放物体。

第三，挤气负压吸盘。当吸盘压向工件表面时，将吸盘内空气挤出；当吸盘与工件去除压力时，吸盘恢复弹性变形，使吸盘内腔形成负压，将工件牢牢吸住，即可进行工件搬运；到达目标位置后，可用碰撞力或电磁力产生压盖动作，空气进入吸盘腔内，释放工件。这种挤气负压吸盘不需要真空泵也不需要压缩空气气源，经济方便，但可靠性比真空负压吸盘和气流负压吸盘差。

（2）磁力类磁盘。磁力类磁盘是利用永久磁铁或电磁铁通电后产生的电磁吸力取料，断电后磁力消失，将工件松开。若采用永久磁铁作为吸盘，则必须强迫性取下工件。磁力类吸盘的使用有一定的局限性，只能对铁磁物体起作用，吸不住有色金属和非金属材料工件，对某些不允许有剩磁的零件要禁止使用。

（五）工业机器人在机械制造系统中的重要应用

工业机器人作为现代制造业中的重要自动化设备，其在机械制造系统中的应用越来越广泛。工业机器人不仅能够提高生产效率和产品质量，还能够在一定程度上替代人工完成高强度、高危险性的工作，从而改善劳动条件，保障工人安全。在机械制造系统中，工业机器人通常需要与外围设备配合完成一系列复杂的作业任务。这些外围设备包括但不限于上下料装置、工件自动定向装置等，它们与工业机器人共同构成了完整的生产系统。

第一，在装配作业系统中，工业机器人的应用尤为突出。机器人在装配吸尘器的过程中，通过集成视觉和触觉信息系统，实现了对工件的精确识别和抓握。视觉信息系统通常由多台工业用电视摄像机组成，它们可以从不同角度捕捉工件的图像信息，以便于机器人进行准确定位和抓取。触觉信息系统则通过安装在机器人手臂上的传感器获取工件的触觉信息，帮助机器人实现精细的操作。双臂智能机器人的设计使得两个手臂可以协同工作，完成更加复杂的装配任务。

第二，在打磨作业系统中，工业机器人的应用同样重要。机器人打磨系统通常由工件台、打磨机、抛光轮、工业机器人、机器人底座及机器人末端抓具等组成。通过精确地控制和协调，工业机器人可以实现工件的自动打磨和抛光，大大提高了生产效率和加工质量。

第三，钻铆作业系统中的应用则体现了工业机器人在精密加工领域的重要作用。系统集成了结构光传感器、视觉传感器等，可实现钻铆过程的在线检测与闭环控制，从而确保钻铆作业的质量。这种高精度的控制和检测技术，使得工业机器人在航空航天、汽车制造等高端制造领域得到了广泛应用。

第四，在增材制造系统中，工业机器人的应用也日益受到重视。激光熔覆增材制造系统主要由计算机、工业机器人及其控制器、高能激光器、焊接头和送粉器等其他辅助设备组成。工业机器人在这一系统中有着重要作用，通过精确控制激光器和送粉器，实现材料的精确沉积和成型。

第五，焊接作业系统中的应用则展示了工业机器人在高温、高强度作业环境下的优势。机器人焊接系统由机器人、控制系统、焊接系统、焊接传感器、中央控制计算机、安全设备等组成。这种系统具有高柔性化特点，能够适应小批量产品的焊接自动化需求，同时保证焊接质量。

第六，搬运作业系统中的应用则体现了工业机器人在物料搬运和物流管理中的作用。圆柱坐标型搬运机器人具有多个关节，能够实现复杂的搬运路径和精确的位置控制。这种机器人可以持重30kg，实现搬运、检测、装配等多种功能。

第七，基于自动导航车的物料搬运系统则展示了工业机器人在自动化物流领域的应用。机器人（自动导航车）能够在工厂内部自主导航，完成物料的搬运和配送任务，提高物流效率。

第八，移动式机器人在极端工况下的应用也值得关注。全液压坑道钻机用于煤矿井下钻瓦斯抽排放孔、注浆灭火孔、煤层注水孔、防突卸压孔、地质勘探等工程孔。移动式机器人能够在恶劣的环境下稳定工作，为特殊工况提供有效的解决方案。

第三节　注射模具设计

一、注射模具的结构组成与类型

（一）注射模具的主要结构组成

注射模具按主分型面为界，可以分为动模和定模两部分结构。模具工作时，动模安装在注射机的移动模板上，定模安装在注射机的固定模板上。定模部分始终固定不动；动模部分随注射机移动模板前后移动，实现模具的闭合与开启。当模具闭合时，动模部分在注射机动力驱动下向前移动，与定模接触并合紧，两者一起构成了封闭的模具型腔和浇注系统。模具开启时，动模随注射机移动模板向后退移，与定模沿分型面分开，便于取出塑料制件。按照模具中各零部件所起作用的不同，通常将注射模具分为以下基本功能组成部分。

1. 注射模具的成型零部件

成型零部件主要是指型腔、型芯、镶块及成型杆等零件。这类零件直接成型塑料制件的整体结构形状。型腔成型制件的外表面形状；型芯成型制件的内表面形状或孔、槽等局部结构。

2. 注射模具的浇注系统

浇注系统的作用是将来自注射机喷嘴的塑料熔体引入模具型腔，是直接与模具型腔相连接的熔体流动通道，通常由主流道、分流道、浇口和冷料穴组成。

3. 注射模具的导向与定位部件

模具工作时，动模与定模闭合后形成封闭的型腔。合模过程中为使动模与定模中心线能够保持准确一致，模具中通常采用四组圆柱形导柱与导套配合来保证合模精度。为保证推出机构推出制件时运动平稳，不发生倾斜，推出机构也设有导向部件。同时，为保证模具整体安装在注射机上时确保模具中心与注射机料筒中心一致，模具上采用定位圈来保证其安装位置的准确。而在精密注射模具中除了使用导柱、导套定位之外，还在分型面两侧分别安装有精确定位元件。

4. 注射模具的温度调节系统

注射成型时，为保证塑料熔体在模具型腔内的填充流动和型腔充满后的制件快速凝固，模具中需要设有温度调节系统。对于成型热塑性塑料制件的注射模具，通常在模具中设置冷却通道，通过冷却水来降低模具温度；对于成型热固性塑料制件的注射模具，通常需要先对模具进行加热，达到设定温度之后再注射熔体。模具加热通常采用电热元件或通入热水或热油等。

5. 注射模具的推出复位机构

塑料熔体在模具型腔中成型凝固后，需打开模具才能取出制件。注射模具中通常采用推出机构将制件连同浇注系统凝料一起推出。

6. 注射模具的排气系统

模具闭合后型腔及浇注系统内充满了空气，同时注射塑料熔体时材料内部还会挥发出气体，这些气体都需要充分排除干净，否则会影响制件质量。模具中通常在型腔最后充满熔体的部位开设排气槽。排气槽一般开设在分型面上。对于小型制件也可直接利用推杆与孔的配合间隙及分型面间隙进行排气，不必另外开设排气槽。而对于结构较为复杂的制件，除在分型面上开设排气槽之外，还可利用型腔或型芯镶拼结构的配合间隙进行排气。

7. 注射模具的侧向分型与抽芯机构

制件的内、外表面带有与开模方向垂直的侧向孔或凹凸结构时，成型后需先将成型侧孔或凹凸结构的模具零件与制件脱开，然后才能利用推出机构推出制件。模具上能将成型制件上侧向孔或凹凸结构的模具零件从成型位置脱出的机构，称为侧向分型与抽芯机构。

8. 注射模具的模架

注射模具中，由模板和导柱、导套、复位杆及螺钉等零件，按照一定的方式组合在一起的装配体称为模架。模架是实现模具基本功能的基础零部件。模架的尺寸规格现已系列化、标准化、商品化，模具设计时可直接选用。

（二）注射模具的类型

注射模具结构复杂，形式多样，其分类方法有多种。其中最常用的方法是按照注射模具的总体结构分类。根据制件的结构复杂程度、浇注系统的类型和制件推出方式，可将注射模具的结构分为以下类型。

1. 多分型面注射模具

开模时需要分开两个或多个模板接合面才能取出制件和浇注系统凝料的模具，称为多分型面模具，又称三板式模具。多分型面注射模具与单分型面注射模具相比，通常是在定模固定板和定模板之间增加一块脱流道板。多分型面注射模具通常采用点浇口方式向模具型腔注入塑料熔体，这可使成型后的制件外观上浇口痕迹小；但模具结构复杂，制造成本较高，要求注射机有较大的开模行程。

2. 单分型面注射模具

开模时只需分开一个模板接合面即可取出制件及浇注系统凝料的模具，称为单分型面注射模具。单分型面注射模具又称为两板式模具，它是注射模具中结构最简单而又最常用的一类。这类模具约占全部注射模具的70%。单分型面注射模具设计时既可采用单型腔结构，也可采用多型腔结构。适用的浇口类型有直浇口、侧浇口和潜伏式浇口等。单分型面模具的主要特点是模具结构简单，制造容易，注射成型加工操作方便。

3. 带有活动镶件的注射模具

受制件结构形状的限制，有些制件成型后并不能通过简单的开模分型动作从模具中取出，如带有内外侧向凹凸结构的制件。对于这类制件，可采用将模具成型零件设计成可活动的镶件结构方式来成型。脱模时，活动镶件连同制件一起被推出模具，然后在模外采用手工方式或用简单工具将活动镶件与制件分离。

但在下一工作循环开始前，需手工先将活动镶件再次装入模具。安装活动镶件时，要求易于操作，定位准确可靠。带有活动镶件的注射模具成型加工过程中，每一次工作循环都需人工操作安装活动镶件，费力费时，因此生产率较低，通常适用于批量较小的塑料制件成型加工。

4. 自动脱螺纹的注射模具

当制件上带有内、外螺纹并要求开模时能自动脱卸螺纹时，需在模具中设置可转动的螺纹型芯或型环，成型后可利用注射机的开模运动或专门设置的驱动机构，带动螺纹型芯或型环转动，将螺纹制件脱出。此类模具结构复杂，制造成本高，适用于自动化大批量生产。

5. 带有侧向分型与抽芯机构的注射模具

当制件上带有侧孔或侧向凹凸结构时，为便于成型后制件的顺利脱模，模具上通常采用由斜导柱、弯销或斜滑块等零件组成的侧向分型与抽芯机构，来实现垂直于开模方向的横向移动，以完成侧型芯或侧滑块与制件的分离。

除斜导柱、斜滑块等机构可利用开模力实现侧向分型与抽芯运动外，还可在模具上设置液压或气动机构带动侧型芯或侧滑块做侧向分型与抽芯动作。液压抽芯机构通常用于抽芯距离较长或抽芯力较大的场合。侧向分型与抽芯机构现已在注射成型生产中广泛应用。

6. 无流道凝料注射模具

无流道凝料注射模具也称无流道模具或热流道模具，根据成型材料的不同，可分为成型热塑性塑料的绝热流道模具和热流道模具，以及成型热固性塑料的温流道注射模具。这类模具通过对流道内熔体进行加热或采用绝热的方法，来保持模具浇注系统中的熔料始终处于熔融状态，每个注射成型循环只需脱出成型制件而不产生浇注系统凝料。这样既节省了浇注系统凝料所消耗的材料，又缩短了成型周期，还可保证注射压力在流道中的有效传递，有利于提高生产率和改善制件质量。此外，无流道凝料注射模具还可避免点浇口模具的复杂多分型面结构，易于实现全自动化生产。但缺点是模具制造成本高，对浇注系统的温度控制要求严格，同时对制件形状和塑料品种也有一定的限制。

7. 叠层注射模具

叠层模具就是将两个或多个单层模具的型腔、型芯背靠背地装配到一个模架中，形成具有两个或多个分型面且每个分型面都可设置多个型腔的特殊注射模具。叠层注射模具可采用普通流道或热流道方式。热流道叠层注射模具需增加中间板，塑料熔体从注射机喷嘴经热流道先流入中间板，再由中间板分流至各分型面上的流道及浇口。模具工作时待各分型面合紧后同时向各型腔注射熔体，开模时各层型腔的制件分别推出。

叠层注射模具适用于高度较小的扁平形制件、深度较浅的壳体类制件及小型多腔薄壁类制件的大批量成型生产。与普通注射模具相比，叠层注射模具的锁模力只提高了 5%~15%，但其产量可以增加 90%~95%，极大地提高了设备利用率和生产率，降低了成本。但它要求注射机具有较大的开模行程，这也使其开、合模的循环周期加长。

二、注射模具设计要求、步骤及材料选择

(一) 确认设计任务，分析设计要求

模具设计的主要依据是设计任务书。任务书中给出了用户提出的要生产的制件二维图样或三维模型或实物样件，以及相关技术信息和制件质量要求等。模具设计师要根据已知的信息或尺寸数据，成功地设计出合理的模具结构。为此，在开始模具设计之前，应先对制品图样或实物模型，进行详细的分析和消化理解，其内容包括以下方面。

第一，仔细阅读制件图样，读懂制件结构形状、尺寸精度等级和表面质量等

方面的技术要求，明确制件设计基准和关键部位及其整体使用功能。了解制件材料的流变特性和成型工艺性及其对模具设计的要求。从模具设计的角度分析制件的结构工艺性和可成型性，以及模具设计制造的难点；必要时，在不影响制件使用功能前提下，可向制件设计者建议修改某些结构或尺寸精度，以方便模具设计制造，降低生产成本。

第二，明确制件的生产批量。生产批量较小时，为降低模具制造成本，可采用较简单的模具结构；大批量生产时，应在保证制件成型质量和模具使用寿命前提下，采用一模多腔模具结构进行高速自动化生产，以缩短生产周期，提高生产率。这对模具的整体使用寿命、侧抽芯机构、推出机构、多分型面开模顺序控制与限位机构及取件机械手的动作控制等都提出了较高的可靠性要求。

第三，根据制件图样尺寸和所用材料物性，计算制件的体积和质量，确定模具型腔数量，以便合理选用注射机或对用户提供的注射机进行相关参数校核，包括注射量、锁模力、注射压力、模具安装尺寸与固定方式、最大开模行程、推出装置形式及推出行程、喷嘴孔直径及其球面半径、定位圈尺寸等，确保所设计模具与使用注射机的合理匹配。

（二）模具结构设计的基本步骤

在明确了制件的整体形状、结构尺寸、制件材料性能及成型工艺性，了解了所用注射机的相关技术参数后，即可按以下步骤进行注射模具的结构设计。

1. 确定模具型腔数量及位置布局

确定模具型腔数量时，通常需要考虑制件重量或注射机注射量、制件在分型面上的投影面积、注射机锁模力、模具外形尺寸、注射机导向柱间距、制件尺寸精度、生产批量和经济效益等因素对制件成型质量和生产率以及模具制造成本的影响。因此需要综合分析，合理确定。有时虽可按照用户提出的要求确定型腔数量，但仍需考虑前述因素的影响。

型腔位置布局是指采用多型腔模具成型制件时，每个型腔在动模板或定模板上的位置分布。它不仅决定了模具的整体轮廓尺寸或标准模架的规格，还影响到浇注系统和冷却系统等功能结构的设计。因此各个型腔之间的距离，应在保证模具其他各个功能结构需要和模板自身强度与刚度要求前提下尺寸最小，以减小模具总体尺寸，节省材料。

2. 确定模具的分型面

分型面的确定是模具结构方案设计中的重要内容，也是其他功能结构设计的基础。确定浇注模具时，既要考虑制件外观质量要求，还要考虑分型面自身的加工难易程度。不合理的分型面设计会造成制件脱模困难。

3. 确定模具浇注系统的形式

浇注系统是整个模具结构设计中的重点，不仅决定了模具的基本结构类型，还影响到塑料熔体的充模流动形态和制件的成型质量及生产成本。确定浇注系统结构形式时，既要考虑成型材料的流变性能和制件结构尺寸及质量要求，还要考虑浇注系统凝料的脱模方式。

4. 确定模具冷却系统

确定模具冷却系统时，不仅要考虑制件的成型质量和生产率，还要协调模具推杆位置分布与冷却水路之间的空间位置关系，以保证模具的有效冷却和制件的顺利推出。同时还要考虑冷却水路与成型镶块及斜滑块等结构之间的连接关系，以保证冷却水不发生泄漏。

5. 确定模具推出方式

确定制件脱模方式时，需要考虑制件的整体形状、局部结构特点和质量要求，确保所选定的推出方式能够保证制件平稳推出，而不会发生制件推出变形、泛白或破裂等缺陷。对于带有侧向抽芯机构的模具，还要防止斜滑块回位时与推杆发生碰撞。

6. 确定模具成型零件的结构形状

模具成型零件的结构形状是由制件决定的。结构复杂的成型零件会给模具制造和制件成型及脱模带来困难。确定模具成型零件结构时，应既要保证其易于加工制造和装配时的研磨抛光及维修更换，还要保证其在制件成型时不易发生变形或断裂，以及易于模具排气。

7. 确定模具的排气方式

若要保证模具型腔填充完整，不产生制件欠注缺陷，模具排气结构设计不可忽视。确定排气方式及气道尺寸时，应考虑制件和浇注系统的体积大小、制件结构复杂程度以及成型材料的流动性能，确保模具排气通畅，不致产生制件质量缺陷。

8. 绘制模具结构的方案图

在基本确定了上述各组成部分功能结构的具体形式和型腔数量的基础上，需对各不同功能结构进行整体协调与优化调整，形成完整合理的模具设计方案，并绘制出模具整体结构设计方案图。对已形成的模具设计方案，还应与模具制造、成型工艺、产品设计部门和模具用户以及有经验的模具设计师一起进行分析讨论，提出修改意见，进一步完善设计方案。

9. 绘制模具的装配图

对经过修改完善的模具设计方案，还需进行具体结构细化，绘制出完整的符合国家制图标准的模具总体结构设计装配图。图中应清楚地表达出各零件的结构形式、装配关系、重要配合尺寸、模具外形尺寸、模板厚度和定位圈尺寸等。同时装配图上还应按顺序标注出模具所有组成零件序号，并填写零件明细栏和标题栏以及相关的技术要求。必要时还需绘制出重要结构部分的部装图和模具开模顺序及制件推出极限位置状态图。

10. 绘制模具的零件图

依据模具结构设计装配图，拆绘所有需要加工制造或补充加工零件的零件图。绘制时应先从成型零件开始，再绘制主要模板和其他结构零件。零件图要符合国家制图标准，图中应准确地表达出零件的详细结构、尺寸公差、表面粗糙度、几何公差、零件材料及热处理要求或特殊表面要求等信息。零件图上的标题栏信息要完整准确。

11. 审核模具设计方案

完成了全部设计工作并自行检查后，应将完整的设计图和相关设计依据等资料，交由设计主管部门或总设计师进行审核。审核内容一般包括：①模具总体方案及结构是否合理；②各组成系统结构或机构能否正常可靠地工作；③是否使用标准模架和标准零件；④模具关键零件选材及使用寿命是否满足用户要求；⑤选用的注射机是否满足模具安装及制件成型质量要求；⑥模具装配图和零件图是否符合国家标准，图形表达是否清楚、准确，技术要求是否合理；⑦模具零件加工工艺性是否合理可行；⑧模具装配过程是否方便且易于调整；⑨零件损伤是否易于更换或修补；⑩模外冷却水管是否影响成型操作及符合车间生产条件。

12. 编写模具设计说明书

模具设计完成后，应仔细撰写设计说明书。说明书中应包括设计任务书等原始依据、设计总体方案分析比较及模拟验证结果、各功能组成部分设计计算依据及计算过程结果、重要零件强度与刚度校核及机构或结构尺寸确定依据、注射机有关参数校核以及成型工艺要求等相关内容。

（三）模具材料选择要求

注射模具能否成型产出合格的制件并达到要求的使用寿命，主要取决于模具成型零件的强度、刚度、抗疲劳、耐磨损、耐腐蚀等性能。因此，模具设计选材时，应根据制件的质量要求与生产批量、成型塑料材料品种及其组分与性能、模具使用寿命以及经济成本等因素综合分析，合理选择。通常当模具设计选用了标准模架时，其模板、导柱、导套等零件材料即已经确定。模板材料一般采用45钢制造，而模具中的成型零件如型腔、型芯及其镶件、侧型芯及侧滑块等应选择力学性能好的优质模具钢，其他辅助零件可选用普通或优质碳素结构钢。

1. 模具成型零件材料的选择

模具组成零件种类多，功能要求各不相同。除标准模架外，对于一般结构零件使用低碳钢或中碳钢即可满足要求；但成型零件是模具结构中的核心零件，它与制件的成型质量和模具使用寿命直接相关。因此选择成型零件材料时，还应考虑以下要求：

（1）易于切削，加工变形小。成型零件的特点是结构形状复杂，型面尺寸及几何精度要求高。因此要求材料具有良好的切削加工性能，且不易产生加工变形。

（2）电加工性能好。电火花或线切割加工已成为注射模具成型零件加工的重要工艺方法，选材时应考虑电加工工艺对材料性能的要求。

（3）耐磨损、耐蚀性好。制件的表面质量和尺寸精度与型腔表面的耐磨性直接相关，尤其是塑料材料中添加的玻纤、碳纤、无机填料以及某些颜料或添加剂等成分，在注射充模时会和塑料熔体一起对型腔、型芯表面产生高速冲刷磨损或腐蚀，使型腔、型芯表面磨损加快，腐蚀加剧，损伤制件质量。

（4）抗疲劳性能好。成型零件是在高温高压及冷热交变的周期性应力作用下工作的，其材料必须具有较强的抗疲劳性能，才能保证模具的精度和使用寿命要求。

（5）热处理变形小，淬透性好。模具中的一些细小型芯或镶拼零件，热处理时容易产生变形，应选用热处理变形小的材料。对于较大尺寸的零件，热处理时的淬透性会影响零件的表面硬度和心部韧性，应选用淬透性好的材料。

（6）尺寸稳定性好。注射模具型腔温度可高达 300℃ 以上，长期处于高温下工作的零件，其内部微观组织结构会逐渐发生变化，并引起模具零件尺寸变化，进而影响制件尺寸精度。因此，应选用尺寸稳定性好的钢材。

（7）抛光性好。成型制件一般要求表面光泽，甚至要求达到镜面级的表面粗糙度。因此模具型腔表面都需进行光整加工，如抛光、研磨等。选用的零件材料应内部组织致密，易于抛光，且不应有粗糙的杂质和气孔等内部缺陷。

（8）焊接性能好。模具零件工作中发生局部损伤或碎裂时，需要进行焊接修补。选用焊接性能好的材料，便于零件修补，降低模具维修成本。

模具设计选材时当上述要求相互矛盾时，应先满足主要要求。

2. 注射模具钢品种的选择

由于塑料的品种很多，不同塑料制件对模具材料性能要求不同，因此注射模具使用钢材的种类有很多，主要类型如下：

（1）预硬钢。这种钢材在加工前已预先经过热处理，具有 30~40HRC 的硬度。因其具有良好的切削加工性能，用户可在预硬状态下进行切削，且加工过程中或加工后无须再进行热处理，能有效地保证加工后的零件形状和尺寸精度，并缩短了模具制造周期。其他预硬型塑料模具钢还有 3Cr2NiMnMo、42CrMo、30CrMnSiNi2A 等。

（2）镜面钢。多为析出硬化钢，或称时效硬化钢。它是采用真空脱气精炼技术生产的优质钢种，钢质纯净，抛光性极佳，切削加工及光刻蚀纹图案加工性能良好。国产的有 10Ni3CuAlMoS 钢，供货硬度达 30HRC，易于切削加工。这种钢在真空环境下经过 500~550℃、5~10h 的时效处理，弥散析出合金化合物，硬度可达 40~45HRC，既有较强的耐磨性，也有良好的电加工性能。

（3）耐腐蚀钢。注射成型聚氯乙烯或含有溴化物添加剂的塑料材料时，成型过程中会产生对模具有腐蚀作用的气体，因此要求模具成型零件应具有很好的耐蚀性。不锈钢系列是耐腐蚀模具钢材的首选，如 20Cr13、30Cr13 或 4Cr13 等钢种。国产 6Cr16Ni4Cu3Nb 属于不锈钢类钢种，但比普通不锈钢具有更高的强度、更好的切削加工性能和抛光性，且热处理变形小，空冷淬火后硬度可达 42~53HRC，适用于具有腐蚀性的塑料材料的注射模具。

三、注射模具浇注系统的设计

注射成型加工是将固态颗粒状塑料原料，在注射机料筒中加热塑化至熔融态，然后通过注射机螺杆的轴向移动，对熔融态的塑料熔体施加压力，使其经过模具浇注系统注入模具型腔，再经过冷却凝固而成型为制件。浇注系统是指从注射机喷嘴出口到模具型腔入口之间的塑料熔体流动通道。浇注系统设计不仅涉及熔体流动通道结构形状问题，更需要考虑熔体充模流动行为及其对制件质量影响的问题。因此，它是注射模具结构设计中的关键与核心内容。浇注系统设计得不合理，难以成型出质量合格的制件。根据制件成型过程中，每一工作循环是否需要取出浇注系统内的材料，可将浇注系统分为两类，即普通浇注系统和无流道凝料浇注系统。

（一）普通浇注系统的设计

1. 浇注系统的主要组成及作用

注射模具的浇注系统一般由主流道、分流道、浇口及冷料穴四部分组成。浇注系统的作用是将来自注射机喷嘴并携带一定温度和压力的塑料熔体，快速平稳地引入到模具型腔，并在继续充模过程中将注射压力充分传递到模具型腔的各个部位，以获得轮廓清晰、内部质量均匀密实的制件。

（1）主流道。主流道是指从注射机喷嘴出口到模具分流道入口之间的一段熔体流动通道。主流道中心与注射机喷嘴中心在同一轴线上，熔体在主浇注系统及制件流道中不发生流动方向改变。

（2）分流道。分流道是指从主流道末端到浇口入口之间的熔体流动通道。通常在单型腔模具中没有分流道，而在多型腔模具中则采用分流道将熔体分流并引入各个型腔。根据型腔数量和布局形式的不同，分流道可分为一级、二级甚至多级。分流道一般加工在模具的分型面上，可以单独加工在定模板一边或动模板一边，也可以在动、定模板两边均加工有分流道，分型面对合后便形成截面封闭的分流道。分流道的主要作用是将来自主流道的塑料熔体平稳地分流与转向，使其顺利地到达各浇口并快速填充型腔。

（3）浇口。浇口是指由分流道末端到型腔入口之间的一段细而短的进料通道。浇口是浇注系统的关键组成部分，主要起调节熔体流速、控制型腔保压补缩时间和封闭型腔以防熔体倒流等作用。

（4）冷料穴。冷料穴通常设在主流道或分流道的末端。主流道末端的冷料穴可起到储存注射机喷嘴前端的冷料和将主流道凝料从浇口套中拉出的作用。分流道末端的冷料穴主要储存流道中的熔体前锋冷料。

2. 浇注系统设计的基本原则

浇注系统设计直接关系到熔体的流动行为和制品的成型质量。因此，浇注系统设计时应遵循以下原则：

（1）考虑塑料品种及其流变特性要求。塑料的品种很多，其流变特性及成型工艺性差异较大，尤其是熔体的黏度对温度、压力等的敏感性大不相同。浇注系统的设计应适应材料的流变特性要求，使其能够快速平稳地填充模具型腔。

（2）熔体热量及压力损失小。注射熔体在浇注系统中流动时其热量及压力损失要尽量小，以保证熔体能以较低的黏度和较快的速度流动。熔体流程应尽量短，流道断面尺寸要尽可能大，但转弯应尽量少。流道表面粗糙度值不宜太大，一般可取 $Ra1.6 \sim 0.8\mu m$。

（3）材料消耗要少。在满足熔体充模流动要求的前提下，浇注系统的容积要尽量小，以减少凝料的消耗并缩短成型周期。

（4）确保各型腔进料均衡。设计多型腔模具浇注系统时，应采用平衡式布局方式，确保充模熔体能同时到达和充满各个型腔，以使各型腔的制件质量均匀一致。

（5）防止型芯变形和位移。浇注系统设计时应避免高速高压熔体直接冲击模具中的细小型芯或镶件，以免引起型芯变形或镶件位移，从而产生脱模困难或废品。

（6）有利于熔体流动和排气。确定浇口尺寸和位置及数量时，应考虑有利于熔体的平稳充模流动，避免产生紊流、涡流、喷射流和蛇形流动形态。同时应考虑有利于模具型腔内气体的顺利排出，以免出现制件缺料或烧焦等缺陷。

（7）避免和减少熔接痕。制件上熔接痕的位置和大小，与浇口的位置和数量直接相关，浇注系统设计时应预先考虑熔接痕的部位、形态及其对制件质量的影响。尽量使熔接痕不影响制件的外观质量和力学性能。

（8）脱模方便，易于修剪。浇注系统凝料的脱模要方便可靠，凝料与制件易于分离，修剪浇口的痕迹要小且规整，无损制件外观与使用性能。

3. 浇注系统的主要结构设计

（1）主流道设计。主流道通常设在定模一侧，位于模具中心线上，其轴线与分型面垂直。成型加工过程中主流道要与高温熔体和注射机喷嘴频繁接触、碰撞，因此在设计注射模具时，通常都选用优质模具钢材作为主流道材料，并设计成可以更换的浇口套式结构，其热处理硬度可为 50~55HRC。为便于开模时能够顺利脱出主流道凝料，主流道通常采用圆锥孔形结构。为使注射机喷嘴能与浇口套端面紧密贴合，浇口套端面的中心部位要加工成凹球面形结构，以便与注射机喷嘴密切贴合。

主流道的尺寸直接影响熔体的充模流动速度和填充时间，因此浇口套内主流道孔的锥角 α 一般取 2°~4°；对黏度高流动性差的塑料熔体，其锥角 α 可增大至 6°。过大的锥角会使熔体充模时产生湍流或涡流并卷入空气，影响制件质量；过小的锥角则会使熔体流动阻力增大，甚至脱模时产生流道凝料脱出困难。

主流道圆锥孔的小端直径 d，应大于注射机喷嘴孔的直径 d_1，计算公式如下：

$$d = d_1 + (0.5 \sim 1)\text{mm} \qquad (3-7)$$

主流道端面的球面凹坑深度 h 一般为 3~5mm；凹球面半径 SR 应大于注射机喷嘴凸球面半径 SR_1，计算公式如下：

$$SR = SR_1 + (1 \sim 2)\text{mm} \qquad (3-8)$$

主流道锥孔表面粗糙度值一般为 $Ra0.8 \sim 0.4\mu\text{m}$，并应轴向抛光。主流道长

度 *L*，一般按模板厚度确定。为减少充模流动时的熔体压力损失和材料消耗，主流道长度应尽量短，一般控制在 60mm 以内。主流道锥孔大端出口部位应有半径 *r* 为 1~3mm 的圆角，以减小料流转向过渡时的阻力，但锥孔小端不得有圆角。

（2）分流道设计。对于中小型制件的单型腔模具，通常可不设分流道；而大型制件的单型腔模具采用多浇口进料，或者多型腔模具都需要设置分流道。分流道设计的要求是保证横截面面积最大，以减小熔体流动阻力和压力损失，提高压力传递效果。分流道中熔体流动转向的次数应尽量少，且转向处应有圆角过渡。转向次数越少，流动距离越短，其压力损失和热量损失以及流动阻力就越小，越有利于熔体的充模流动。同时还应在保证熔体顺利充模的前提下，使流道的容积最小，有利于节约塑料。

第一，分流道横截面形状。分流道的横截面形状直接影响熔体的流动阻力及压力和热量损失，因此，应合理设计。常用的分流道横截面形状有圆形、梯形、U 形和六边形等。从减小流道中熔体压力损失的角度考虑，分流道的横截面面积应尽量大一些；但从减小熔体流动时的热量损失角度考虑，又希望流道的表面积越小越好。

第二，分流道的尺寸。分流道横截面形状确定之后，其各部分尺寸要根据制件体积、制件形状、制件壁厚、所用材料的流动性能、注射工艺参数等来确定。分流道直径过大，不仅会浪费材料，还会延长冷却时间，使成型周期加长，生产成本增加；流道直径过小，则熔体流动阻力增大，易造成型腔充填不满，或者需要增大注射压力才能充满型腔。

第三，分流道表面粗糙度。分流道的表面粗糙度值不宜太大，通常为 Ra1.6μm 左右。这有利于塑料熔体流动时在分流道壁面形成冷凝层，由于塑料的导热性较差，冷凝层起到了很好的保温绝热作用，使流道中熔体能以较低的黏度和较好的流动性能填充模具型腔。

第四，分流道与浇口的连接。熔体从分流道到浇口，其流动通道的横截面形状和尺寸发生了很大的改变，同时熔体的流动速度和压力也随之发生变化。为使熔体从大横截面分流道过渡到小横截面浇口时仍能平稳地流动，分流道与浇口的连接部位应以斜面或圆弧进行过渡，并在连接面交界处增加圆角。

（3）浇口设计。浇口设计的内容包括浇口类型、横截面形状、尺寸、数量和位置的确定。它不仅影响熔体能否顺利填充模具型腔，而且影响制件的成型质量。浇口设计的不合理会引发一系列的制件成型质量缺陷，如缩孔、气泡、缺料、熔接痕及翘曲变形等。因此，浇口设计是浇注系统设计中的关键环节。

第一，浇口设计要求。浇口设计的要求是在注射熔体时，确保塑料熔体能够快速充满型腔，而保压结束后，又能迅速冻结并封闭型腔。因此浇口的横截面面积要小，长度要短。这既可避免熔体发生倒流，又可减小熔体流动阻力。同时，制件脱模时浇口凝料要易于与制件分离，并使制件表面上的浇口痕迹要小，以免影响制件外观质量。

设计浇口时应遵循以下原则：

浇口位置应避免熔体产生喷射流动，注射充模时，熔体受注射压力驱动高速流入狭小的浇口时，原本卷曲的大分子链会被迫受到拉伸、取向等形态变化，当这些被拉伸取向了的大分子链突然离开浇口约束，而进入一个较大的型腔空间时，会产生急速无约束的弹性恢复和卷曲，并以蛇形流动形态高速冲击到浇口对面的型腔壁面，而后在此不断向浇口方向堆叠，直至充满型腔。由于高速喷射的熔体流会很快地冷却变硬，无法与后续熔体很好地熔合，致使不断堆叠的熔体在制件冷却后，其表面留下明显波纹状熔接痕。这不仅影响制件的外观质量，也影响其力学性能。同时高速喷射的熔体流还会裹挟着气体，使制件产生气穴或焦痕等缺陷。

浇口位置及数量应有利于减少熔接痕或增加熔接痕强度。熔接痕通常是由两股及两股以上熔体流汇合时，因料流前锋面上熔体温度降低使其不能很好地相互熔合，在制件上形成线状对接痕迹。熔接痕既影响制件的外观质量，也严重影响制件的力学性能。

浇口位置应有利于熔体充模流动、补料和排气。对于结构不对称和壁厚不均匀的制件，其浇口位置应使熔体进入型腔时的流动阻力小，到达型腔不同部位的流程差较小，保持压力均衡。

浇口位置应防止型芯变形和嵌件位移。对于带有细长孔或嵌件的制件，确定浇口位置时，应尽量避免熔体对细小型芯或嵌件产生直接的侧向冲击，而造成型芯弯曲、折断或嵌件移位，以致引起制件脱模困难或成型质量缺陷。

浇口位置应考虑分子取向对制件性能的影响。熔体经流道、浇口进入型腔时，其内部大分子因受强烈剪切作用而形成取向形态，取向分布的分子会导致制件的力学性能和收缩产生各向异性，即平行于分子取向方向制件的力学性能明显增强。因此确定浇口位置时，应考虑分子取向对制件性能的影响。

考虑流程比。流程比是指塑料熔体在模具型腔内流动的最大距离与相应制件壁厚之比。由于不同塑料的流动性能不同，同样成型工艺参数和流动通道尺寸条件下，其能够达到的最大流动距离是不同的。

第二，常用浇口设计。注射模具的浇口有直浇口、侧浇口、扇形浇口等多种类型。

直浇口。直浇口又称主流道式浇口，是指塑料熔体由主流道直接进入模具型腔的非限制型浇口。这种浇口具有熔体流程短、流动阻力小、压力传递效果好及保压补缩作用强等特点，且有利于型腔排气和消除熔接痕。直浇口多用于成型大中型桶类、盆类、箱类或壳体类制件，尤其适合于成型 PC、PSU 等高黏度塑料，且通常只适用于单型腔模具。

侧浇口。侧浇口一般开设在模具分型面上，塑料熔体从分型面上的型腔外侧或内侧边缘进入型腔。其横截面形状多为矩形或梯形，因而加工方便，易于准确控制尺寸；制件成型后浇口去除也较为方便，浇口痕迹较小。因此，侧浇口适用于多种塑料及制件的单型腔或多型腔单分型面模具。但采用这种浇口成型的制件往往会有熔接痕，且相对于直接浇口其熔体注射压力损失大。

扇形浇口。扇形浇口实际上是普通侧浇口的变异结构，塑料熔体也是从制件侧面边缘进入型腔的。扇形浇口自流道末端至型腔其宽度方向尺寸逐渐增大，呈扇形扩展形状。为使浇口横截面面积保持处处相等，其厚度尺寸则逐渐减小。

点浇口。点浇口又称针点浇口，是一种开设在制件外表面上横截面尺寸很小的圆形限制型浇口。

潜伏浇口。潜伏浇口又称剪切式浇口，是由点浇口变异而来的。与点浇口不同的是，潜伏浇口只需采用简单的两板式单分型面模具，而不需要复杂的三板式双分型面模具。

（二）无流道凝料浇注系统的设计

无流道凝料浇注系统是指在注射成型过程中，模具浇注系统中的塑料熔体始终保持熔融状态而不凝固，开模时只需取出制件，而不产生浇注系统凝料。具有无流道凝料浇注系统的注射模具称为无流道凝料模具。这种模具的主要特点是可提高成型材料的利用率，降低生产成本，保证制件成型质量。热塑性塑料的无流道凝料注射模具，是通过采用绝热或加热方法，使浇注系统中的塑料熔体始终保持熔融状态，确保熔体在注射成型时能够顺利填充模具型腔。热固性塑料的无流道凝料注射模具，是通过控制浇注系统中的熔体温度使其保持在设定的温度之内。

1. 无流道凝料浇注系统的优缺点

（1）无流道凝料浇注系统的优点。

第一，成型中不产生浇注系统凝料，可节约原材料，同时省去浇注系统凝料的回收、储存和破碎加工等环节，从而节省人力和辅助设备，降低生产成本。

第二，开模时，不需取出浇注系统凝料，可缩短成型周期，提高生产率。

第三，采用点浇口成型制件，无须使用复杂的三板式结构的多分型面模具；简化了模具结构，降低了对注射机开模行程的要求，节省了开模时间。

第四，浇注系统中的熔体压力损失小，易于充模流动和保压补缩，可避免制件产生凹陷、缩孔及变形，提高制件质量。

第五，浇口可自动切断，易于实现自动化生产。

第六，可降低注射压力和注射量，减小对注射机锁模吨位和塑化能力的要求。

（2）无流道凝料浇注系统的缺点。

第一，模具结构复杂，设计难度大，制造费用高；热流道系统易出故障，维护保养较困难，运行成本高；不适宜小批量生产。

第二，初始生产准备时间长，模具调试要求高。

第三，不适宜热敏性和流动性差的塑料及成型周期长的制件成型。

第四，流道板易产生热膨胀，对熔体泄漏及加热元件的故障较敏感。

第五，流道板及模具温度控制要求严格，需精密的控温元件及系统。

2. 无流道凝料浇注系统的适应性要求

理论上，几乎所有的热塑性塑料都可以采用无流道凝料浇注系统注射成型，但实际应用中有些塑料材料并不适用。无流道凝料浇注系统对塑料材料性能有以下要求：

（1）熔融温度范围宽，黏度变化小，热稳定性好，即高温不易分解，低温流动性好。

（2）熔体黏度对压力敏感，不施压时不流动，施以较低压力即可流动。

（3）塑料的比热容低，易于熔融和固化。

（4）塑料的热变形温度高，制件可在较高的温度下凝固并脱模。

能够满足上述要求的热塑性塑料有聚乙烯、聚丙烯、聚苯乙烯及 ABS 等材料。

3. 无流道凝料浇注系统的种类

（1）绝热流道浇注系统。绝热流道浇注系统主要是利用塑料材料的导热性比金属差的特点，将流道的横截面尺寸设计得很大，注射成型时流道内靠近壁面的塑料熔体因模具温度低而冷凝形成凝固层。由于凝固层具有良好的隔热作用，保证了流道中心部位的熔体始终处于熔融状态，使其能够顺利被注入模具型腔。但高速注射时靠近流道壁面凝固层的低温熔料易被带入型腔，使进入型腔的熔体温度不均，从而影响制件的成型质量。由于流道未实施加热，流道内熔体容易冷凝，浇口易冻结，因此绝热流道浇注系统只适用于成型周期短的小型制件。当生产停机后流道内的熔体完全凝固，下次开机前还需拆开模具清理流道凝料，因此，这类模具目前已较少应用。

（2）热流道浇注系统。热流道模具是通过加热的方法，来保证流道和浇口中的熔料始终保持熔融状态。通常是在流道外周或中心部位设置加热圈或加热棒等电热元件，使得从注射机喷嘴出口到模具型腔入口的整个浇注系统中的塑料都处于熔融状态。停机后也无须拆开模具取出浇注系统凝料，再开机时只需重新加热流道至所需温度，即可继续进行成型加工。热流道浇注系统的压力传递效果好，易于保证制件的成型质量，以下介绍热流道浇注系统的设计。

4. 热流道浇注系统的设计

热流道浇注系统按照模具型腔数量或浇注系统结构形式，可分为单型腔热流道浇注系统和多型腔热流道浇注系统。

（1）单型腔热流道浇注。单型腔热流道浇注是一种在注塑成型过程中使用的技术。在注塑成型中，塑料被加热到可塑状态，然后通过模具注入成型。热流道系统是用来控制塑料流向模具的管道网络。而单型腔热流道浇注则是指在注塑成型过程中，每次只使用一个模腔进行浇注。

单型腔热流道浇注的主要优点在于精度和稳定性。由于每次只注入一个模腔，因此可以更好地控制塑料的流动和充填，从而获得更加一致的成型品质。此外，单型腔热流道浇注还可以减少生产过程中的气泡和短射等问题。

（2）多型腔热流道模具内设有加热流道板，主流道、分流道均设在流道板内，流道横截面形状多为圆形，其直径尺寸为 $\varphi 5 \sim 12$ mm。热流道板用电加热元件加热，保持流道内塑料完全处于熔融状态。流道板利用绝热材料或空气间隙层与模具隔热。

第一，主流道浇口型热流道。主流道浇口型热流道是指在热分流道之后设有一段冷主流道作为型腔进料浇口，成型之后制件上会带有一段主流道凝料。主流道浇口凝料需另外切除。

第二，针点浇口型热流道。针点浇口型热流道是将分流道中的熔体通过各针点浇口引入不同的模具型腔，它能完全消除流道凝料，但浇口的温度控制要求严格。针点浇口型热流道喷嘴的结构形式有多种，可分为带塑料绝热层的导热喷嘴、空气绝热的加热喷嘴、带加热探针的喷嘴、弹簧针阀式喷嘴等。

第三，热流道板设计。热流道板是热流道模具的核心部件，其作用是将来自注射机的熔体恒温地经分流道输送到模具各型腔的喷嘴。要求熔体输送压力损失小，分流道内没有滞料死角；流道板与其安装模板间绝热良好，流道板与喷嘴间无熔体泄漏；流道板自身还要有足够的刚度。根据浇口数量和位置的不同，热流道板可采用"一"字形、H 形或 X 形等各种形状。

（三）浇注系统平衡设计要求

使用多型腔模具成型制件时，要求每次成型的制件质量应均匀一致。若在注射熔体时各型腔不能被同时充满，则会发生先充满的型腔内熔体停止流动，浇口处熔体也开始冷凝，冷凝了的浇口内熔体阻碍了型腔的继续填充，致使型腔内熔体在较低压力下开始冷凝并产生体积收缩，而收缩引起的体积减小得不到充分的补充和保压，致使制件质量变差；而后充满的型腔在其完全充满的最后时刻，注射压力突然急剧升高，使型腔内熔体被高压力压实，并在后续的保压阶段继续对型腔内熔体进行保压和补缩，制件成型质量得到保证。因此，多型腔模具的浇注系统必须保证各型腔进料均衡，才能得到质量均匀一致的制件。

1. 多型腔模具浇注系统的平衡设计

"在注射成型过程中，浇注系统尤其是多型腔浇注系统的设计合理与否对塑件质量和效益都有决定性影响。"①

（1）平衡式浇注系统。多型腔模具平衡式浇注系统的特点是注射充模时熔体经主流道、分流道和浇口到达各型腔的流动距离和时间完全相等，并要求各分流道、浇口和冷料穴的尺寸、横截面形状、加工精度及表面粗糙度等都应严格一致，这样才可使塑料熔体在相同的熔体温度、注射压力和注射速度下，同时充满各个型腔，从而获得尺寸精度高、内在质量性能良好的制件。型腔数量较多时，平衡式浇注系统的流道总长度会较长，因而增大了模板尺寸、流道中的熔体消耗量及模具成本。

（2）非平衡式浇注系统。非平衡式浇注系统可分为两类：①各型腔的尺寸、形状与分流道和浇口的尺寸与形状相同，只是各型腔距主流道的距离不同，从而使浇注系统不平衡；②各型腔的尺寸形状和分流道及浇口尺寸均不相同，从而使浇注系统不平衡。由于各型腔所需填充的熔体量及制件对成型工艺条件的要求不同，很难保证各型腔成型的制件质量均匀一致。

为使非平衡式浇注系统的模具各型腔也能同时充满，可采用基于经验的近似计算方法，又称平衡系数法（BGV），即通过计算浇口平衡值，并根据浇口平衡值将通往各型腔的分流道或浇口做成不同横截面的尺寸和长度，来达到各型腔同时充满的目的。

2. 单型腔模具浇注系统的平衡设计

制件外形或长度尺寸较大时，通常采用单型腔模具成型。单型腔模具浇口设计时若用单点浇口进料，会使熔体填充型腔时的流动距离超过材料允许的流程

---

① 管建军. 多腔注射模浇注系统平衡优化设计［J］. 模具制造，2019，19（5）：47.

比，导致型腔填充不满，因此可采用多浇口进料。

单型腔多浇口浇注系统，同样需要考虑熔体填充流动的平衡要求。同时，还应考虑浇口位置分布，应避免或减少制件成型后，因聚合物分子流动取向导致收缩增大而引起的制件翘曲变形，或因多浇口引起的熔接痕数量增多而导致制件强度降低。

第四章　机械制造加工工艺探究

第一节　机械加工工艺的基本过程

一、机械加工工艺

（一）机械加工工艺系统

机械加工工艺系统由金属切削机床、刀具、夹具和工件四个要素组成，它们彼此关联、互相影响。该系统的整体目的是在特定的生产条件下，在保证机械加工工序质量和产量的前提下，采用合理的工艺过程，降低工件的加工成本，因此，必须从组成机械加工工艺系统的机床、刀具、夹具、工件这四个要素的"整体"出发，分析和研究各种有关问题，才可能实现系统的工艺最佳化方案。

随着信息科学与机械制造科学的不断融合，出现了各种新型的机械加工技术，要实现系统最优化，除了考虑坯料由上工序输入本工序并经过存储、机械加工和检测，然后作为本工序加工完成的零件输出给下道工序这种物质流动的流程（称为"物质流"）外，还必须充分重视并合理编制包括工艺文件、数控程序和控制模型等控制着物质系统工作的信息的流程（称为"信息流"）。

如果以一个零件的机械加工工艺过程作为一个系统来分析，那么该系统的要素就是组成工艺过程的各个工序。对于一个机械制造厂来说，除机械加工外，还有铸造、锻压、焊接、热处理和装配等工艺，各种工艺都可形成各自的工艺系统。

（二）工艺过程与工艺规程

在各种生产过程中，不仅包括直接改变工件形状、尺寸、位置和性质等的主要过程，还包括运输、保管、磨刀、设备维修等辅助过程。生产过程中，按一定顺序逐渐改变生产对象的形状（铸造、锻造等）、尺寸（机械加工）、位置（装配）和性质（热处理），使其成为预期产品的过程称为工艺过程。工艺过程又可具体地分为铸造、锻造、冲压、焊接、机械加工、热处理、电镀、装配等工艺过程，本章主要是研究机械加工工艺过程中的一系列问题。

工件依次通过的全部加工过程称为工艺路线或工艺流程。工艺路线是制定工艺过程和进行车间分工的重要依据。可以采用不同的工艺过程来达到工件最后的加工要求，技术人员根据工件产量、设备条件和工人技术情况等，确定采用的工艺过程，并将有关内容写成工艺文件，这种文件称为工艺规程。工艺规程一旦制定，就必须严格按工艺规程办事，如果经过工艺试验，需要更改工艺文件时，必须经过一定的审批手续。

制定工艺规程的传统方法是技术人员根据自己的知识和经验，参考有关技术资料来确定。随着计算机技术、信息技术、数据库技术广泛地引入机械制造领域，目前，国内外愈来愈多地研究和采用计算机辅助编制工艺规程技术。它使繁杂、落后的工艺规程制定工作实现最佳化、系统化和现代化，这是一个值得进一步研究和推广的新方法。

（三）工艺过程的组成

1. 工序、工步和走刀

（1）工序。一个或一组工人、在一个工作地（通常是指一台加工设备）对同一个或同时几个工件所连续完成的那部分工艺过程，它是组成工艺过程的基本单元。

（2）工步。在加工表面（或装配时的连接表面）不变，加工（或装配）工具不变的情况下，所连续完成的那部分工序。

（3）走刀。在一个工步中，有时材料层要分几次去除，则每切去一层材料称为一次走刀。

2. 安装和工位

（1）安装。同一工序中，工件在机床或夹具中每定位和夹紧一次，称为一次安装。

（2）工位。为了完成一定的工序内容，一次装夹工件后，工件（或装配单元）与夹具或设备的可动部分一起相对刀具或设备的固定部分所占据的某一位置称为工位。采用多工位夹具、回转工作台或在多轴机床上加工时，工件在机床上一次安装后，就要经过多工位加工。采用多工位加工可减少工件的安装次数，从而缩短工时，提高效率。多工位、多刀或多面加工，使工件几个表面同时进行加工，亦可看作一个工步，称为复合工步。

二、生产纲领和生产类型

（一）生产纲领

生产纲领是企业在计划期内（一般按年度）应当生产的产品产量和进度计划。生产纲领中应计入备品和废品的数量。产品的生产纲领确定后，就可根据各零件在产品中的数量，供维修用的备品，在整个加工过程中允许的总废品率来确定本件的生产纲领。在成批生产中，当零件年生产纲领确定后，就要根据车间具体情况按一定期限分批投产，每批投产的零件数称为批量。

（二）生产类型

根据产品的大小、特征、生产纲领、批量及其投入生产的连续性，传统上可将生产分为以下类型：

1. 单件、小批生产

每一产品只做一个或数个，一个工作地要进行多品种和多工序的作业。重型机器、大型船舶的制造和新产品的试制属于这种生产类型。

2. 成批生产

产品周期地成批投入生产，一个工作地顺序分批地完成不同工件的某些工序。通用机床（一般的车、铣、刨、钻、磨床）的制造往往属于这种生产类型。

3. 大批、大量生产

产品连续不断地生产出来。每一个工作地用重复的工序制造产品（大量生产），或以同样方式按期分批更换产品（大批生产）。

各种生产类型工艺过程的特点见表4-1[①]。

表4-1 各种生产类型工艺过程的特点

	单件生产	成批生产	大量生产
零件互换性	配对制造，无互换性，广泛用钳工维修	普遍具有互换性，保留某些适配	全部互换，某些高精度配合件采用分组选择装配，配磨或配研
毛坯制造与加工余量	木模手工制造或自由锻造，毛坯精度低，加工余量大	部分用金属模或模锻，毛坯精度及加工余量中等	广泛采用金属模机械造型、模锻或其他高效方法，毛坯精度高，加工余量小
机床设备及布置	通用设备，按机群式布置	通用机床及部分高效专用机床，按零件类别分工段排列	广泛采用高效专用机床及自动机床，按流水线排列或采用自动线
夹具	多用通用夹具，极少用专用夹具，由画线试切法保证尺寸	专用夹具，部分靠画线保证尺寸	广泛采用高效夹具，靠夹具及定程法保证尺寸
刀具与量具	采用通用刀具及万能量具	较多采用专用夹具及量具	广泛采用高效专用刀具及量具
对工人技术要求	熟练	中等熟练	对操作工人一般要求，对调整工人技术要求高
工艺规程	只编制简单的工艺过程卡	有较详细的工艺规程，对关键零件有详细的工序卡片	详细编制工艺规程及各种工艺文件

---

① 王庆明. 机械制造工艺学 [M]. 上海：华东理工大学出版社，2017：120-121.

	单件生产	成批生产	大量生产
生产率	低	中	高
成本	高	中	低
发展趋势	箱体类复杂零件采用加工中心加工	采用成组技术，由数控机床或柔性制造系统等加工	在计算机控制的自动化制造系统中加工，并可能实现在线故障诊断、自动报警和加工误差自动补偿

由于大批、大量生产广泛采用高效的专用机床和自动机，按流水线排列或采用自动线进行生产，因而可以降低产品成本，增加产品在市场上的竞争能力。但是，适用于大批、大量生产传统的"单机"和"生产线"，都具有很大的"刚性"（指专用性），很难改变原来的生产对象，来适应新产品生产的需要。

随着科学技术的飞速发展，功能更完善、效能更高的新产品不断涌现，同时，随着人们生活水平的不断提高，消费者对产品性能、品种的要求愈来愈高，产品升级换代愈加频繁，从而导致产品能获得较高利润的"有效寿命"越来越短，这就要求机械制造业能找到既能高效生产又能快速转产的"柔性"制造方法。由于计算机技术、信息技术在机械加工领域中获得越来越广泛的应用，为机械产品多品种、变批量的生产开拓了广阔的前景，使制造企业能对市场需求做出快速反应。

三、机械加工工艺规程

（一）工艺规程的作用

把零件加工的全部工艺过程按一定格式写成书面文件就叫工艺规程。工艺规程的作用如下：

第一，工艺规程是组织生产和计划管理的重要资料，生产安排和调度、规定工序要求和质量检查等都以工艺规程为依据，制定和不断完善工艺规程有利于稳定生产秩序，保证产品质量和提高生产效率，并充分发挥设备能力，一切生产人员都应严格执行和贯彻，不应任意违反或更改工艺规程的内容。

第二，工艺规程是新产品投产前进行生产准备和技术准备的依据，例如，刀、夹、量具的设计、制造或采购原材料、半成品及外购件的供应及设备、人员的配备等。

第三，在新建和扩建工厂或车间时，必须有产品的全套工艺规程作为决定设备、人员、车间面积和投资预算等的原始资料。

第四，工艺规程还起着交流和推广先进经验的作用，有利于其他工厂缩短试制过程，提高工艺水平。

工艺规程的制定应能保证可靠地达到产品图纸所提出的全部技术要求，获得高质量、高生产效率，并能节约原材料和工时消耗，不断降低成本。此外，工艺规程还应努力减轻工人劳动强度，保证安全和良好的工作条件。工艺文件的形式多种多样，繁简程度也有很大区别，主要取决于生产类型。

在单件小批生产中一般只编制综合工艺过程卡，供生产管理和调度用。至于每一工序具体应如何加工，则由操作者自己决定，对关键或复杂零件才制定较为详细的工艺规程。在成批生产中多采用机械加工工艺卡片。大批量生产中则要求完整和详细的文件，除工艺过程卡外，对各工作地点要制定工序卡片或分得更细的操作卡、调整卡以及检验卡等。

（二）制定工艺规程的原始资料

原始资料是制定工艺规程的依据和条件，主要包括：①零件工作图，包括必要的装配图；②零件的生产纲领和投产批量；③本厂生产条件，如设备规格、功能，精度等级，刀、夹、量具规格及使用情况，工人技术水平，专用设备和工装的制造能力；④毛坯生产和供应条件。

（三）制定机械加工工艺规程的步骤

1. 分析图纸，进行工艺审查

工艺审查的内容除了检查尺寸、视图及技术条件是否完整外，还包括以下方面：

（1）审查各项技术要求是否合理。过高的精度、表面粗糙度及其他要求会使工艺过程复杂，加工困难，成本提高。

（2）审查零件的结构工艺性是否合适。应使零件结构便于加工和安装，尽可能减少加工和装配的劳动量。

（3）审查材料选用是否恰当。在满足零件功能的前提下，应选用廉价材料。材料选择还应立足国内，尽量采用来源充足的材料，不得滥用贵重金属。

工艺审查中对不合理的设计应会同有关设计者共同研究，按规定手续进行必要的修改。

2. 确定毛坯

制造机械零件的毛坯一般有铸件、锻件、型材、焊接件等，这些毛坯余量较大，材料利用率低。目前无切削加工技术有了很大的发展，如精密铸造、精锻、冷轧、冷挤压、粉末冶金、异型钢材及工程塑料等都在迅速推广。由这些方法或材料制造的毛坯精度大大提高，只要经过少量机械加工甚至无须加工，可节约机械加工劳动量，提高材料利用率，经济效果非常显著。

工序数量、材料消耗、加工工时都在很大程度上取决于所选择的毛坯。但要提高毛坯质量往往使毛坯制造困难，需采用较复杂的工艺和昂贵的设备，增加了毛坯成本。这两者是互相矛盾的，因此毛坯种类和制造方法的选择要根据生产类型和具体生产条件决定。同时应充分注意到利用新工艺、新技术、新材料的可能性，使零件生产的总成本降低，质量提高。

3. 拟定工艺路线

拟定工艺路线即制定出全部加工由粗到精的加工工序，其主要内容包括选择定位基准、定位夹紧方法及各表面的加工方法，安排加工顺序等。这是关键性的一步，一般需要提出多个方案进行分析比较。

4. 确定各工序所采用的设备

选择机床设备的原则包括：①机床规格与零件外形尺寸相适应。②机床精度与工件要求的精度相适应。③机床的生产率与零件的生产类型相适应。④所选机床与现有设备条件相适应。如果需要改装设备或设计专用机床，则应提出设计任务书，阐明与加工工序内容有关的参数、生产率要求，保证产品质量的技术条件以及机床的总体布置形式等。制定工艺规程一方面应符合本厂具体生产条件，另一方面应充分采用先进设备和技术，不断提高工艺水平。除此之外，还要确定各工序工具，各主要工序的技术检验要求及检验方法，以及各工序的加工余量，计算工序尺寸。

5. 确定切削用量

合理的切削用量是科学管理生产，获得较高技术经济指标的重要前提之一，切削用量选择不当会使工序加工时间增多、设备利用率下降、工具消耗量增加，从而增加产品成本。

单件小批生产中为了简化工艺文件及生产管理，常不具体规定切削用量，但要求操作工人技术熟练。大批量生产中对组合机床、自动机床及某些关键精密工序，应科学地、严格地选择切削用量，用以保证节拍均衡及加工质量要求。还要确定时间定额，填写工艺文件。

四、结构工艺性

（一）结构和工艺的联系

同一产品可以有多种不同结构，所需花费的加工量也大不相同。所谓结构工艺性，就是指机器和零件的结构是否便于加工、装配和维修，在满足机器工作性能的前提下能适应经济、高效制造过程的要求，达到优质、高产、低成本，这样的设计就是具有良好的结构工艺性。因此在进行产品设计时除了要考虑使用要求外，还必须充分考虑制造条件和要求，在许多情况下，改善结构工艺性，可减少加工量，简化工艺装备，缩短生产周期并降低成本。

结构工艺性具有综合性，必须对毛坯制造、机械加工到装配调试的整个工艺过程进行综合分析比较，全面评价，因为对某道工序有利的结果可能引起毛坯制造困难，某个零件结构工艺性改善，可能提高其他有关零件的加工难度。此外，结构工艺性还概括了使用和维修要求，也就是要便于装拆，以利于迅速更换和修理。结构工艺性具有相对性，对不同生产规模或具有不同生产条件的工厂来说，对产品结构工艺性的要求是不同的。

（二）毛坯结构工艺性

机械零件广泛采用铸造毛坯，按质量计算，铸件占毛坯总量的 70% ~ 85%。其次是锻件、冲压件、各种型材和焊接件。零件结构对毛坯制造的工艺性影响很大。零件结构应符合各种毛坯制造方法的工艺性要求。

零件毛坯的铸造工艺性主要应避免由结构设计不良引起的铸造缺陷，并使铸造工艺过程简单，操作方便。为此应遵循以下原则：

第一，铸件形状尽量简单，以利于模型、泥芯及熔模的制造，避免不规则分型面。内腔形状应尽量采用直线轮廓，减少凸起，以减少泥芯数，简化操作。

第二，铸件的垂直壁或肋都应有拔模斜度，内表面斜度大于外表面，以便取出模型和泥芯。

第三，为防止浇注不足，铸件壁厚不能太小，应依据铸件尺寸来确定，也与材料和铸造方法有关。

第四，为防止挠曲变形，铸件应采用对称截面，要减少大的水平平面，以利于补缩和排气。

锻造包括自由锻、模锻和顶锻等，适用于不同的生产批量和毛坯形状尺寸的要求。而不同的锻造方法对零件结构形状的要求也不同。

（三）零件结构工艺性

提高零件结构的加工工艺性，应遵循以下原则。

1. 减轻零件重量

机器在满足刚度、精度和工作性能的前提下，应设计得体积小、重量轻，这样不仅节省材料和工时，而且便于选用加工设备，便于工艺过程中存放、运输和装卸。对于减轻铸件重量来说，应减小铸件壁厚，一般在不改变刚度和形状的条件下，箱体壁厚减少 K 倍，重量相应减少 (2/3) K 倍。

2. 保证加工经济性

零件的结构不仅要能够加工，还要便于加工，从而提高生产率，便于保证加工质量，降低加工成本，这就是加工的经济性问题。图4-1①中底座的底面不宜大，应该设计出凸台，以便减少加工面，有利于减小不平度，提高接触精度；轴上配合表面的轴段也不宜长，应该在不影响使用功能的前提下缩短配合表面的长度，减少精车工作量，接触精度也相应提高。

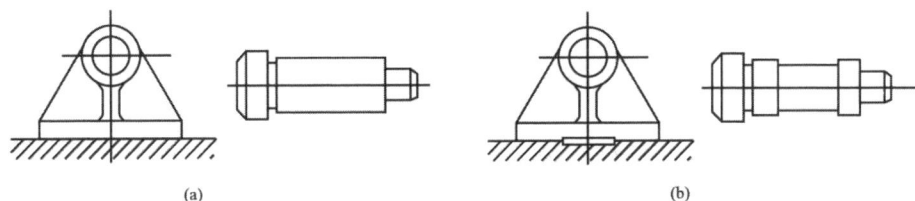

图4-1　提高加工经济性Ⅰ

图4-2（a）中出现的轴上键槽的布置不在同一方向上，势必在加工完一个键槽后要将工件转一个角度才能加工另一个键槽；一个工件上的多个孔布置不平行，钻孔加工中需要多次改变工件的位置；除非有特殊的使用功能要求，否则箱体的同一方向上需要加工的表面设计得不等高，将使得加工时要两次装夹和对刀；增加工时，分别改为图4-2（b）中的情况就能提高加工经济性。

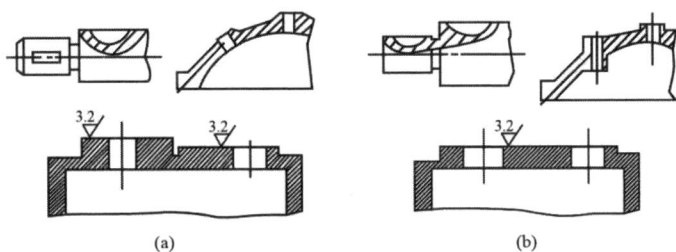

图4-2　提高加工经济性Ⅱ

3. 保证刀具正常工作

零件的结构设计必须保证刀具能正常工作，避免损坏或过早磨损；还必须保证刀具能自由地进刀和退刀，不伤及零件。图4-3（a）中的孔加工件在钻孔时钻头钻入和钻出过程中会出现径向受力不均，不但造成钻孔偏斜，甚至还会折断钻头；对于双联齿轮和内孔键槽一般采用插床加工，必须留有退刀槽，使刀具在

① 王庆明. 机械制造工艺学 [M]. 上海：华东理工大学出版社，2017：127-131.

切削进给和空刀返程之间能卸载，否则将引起刀具损坏；盲孔和阶梯轴磨削时若无越程槽，砂轮就会出现局部的圆周面和端面同时进行磨削的情形，砂轮的一角很快圆钝，不能磨出直角，影响工件的配合。各零件的结构应按图 4-3 （b） 作相应修改。

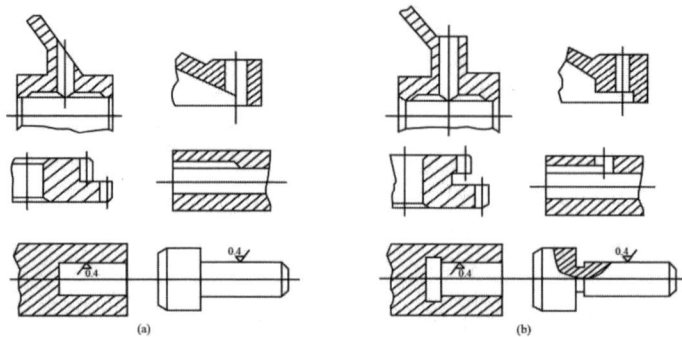

图 4-3　保证刀具、砂轮能正常工作

4. 零件尺寸规格标准化

设计零件时对它的结构要素应尽量标准化，这样做可以节约工具，减少工艺准备工作，简化工艺装备，例如，零件上的螺孔、定位孔、退刀槽等尽量符合标准。尺寸标准化，就可采用标准钻头、铰刀和量具，减少刀具规格种类。避免专门制备非标的工、卡、量具。

5. 正确标注尺寸及规定加工要求

如果尺寸标注不合理，就会给加工带来困难或者达不到质量要求。从工艺的角度来看，尺寸标注应符合尺寸链最短原则，使有关零件装配的累积误差最小；应避免从一个加工表面确定几个非加工表面的位置；不要从轴线、锐边、假想平面或中心线等难于测量的基准标注尺寸，因为这些尺寸不能直接测量而需经过换算。

加工要求应合理，如果没有特殊要求，应执行经济精度。零件上规定了过高精度和表面粗糙度要求则必然要增加工序，例如，加工 IT8 级精度的孔，只需一次铰削，而 IT7 级孔需要铰两次，增加了工时和刀、夹、量具，成本也相应提高，因此零件精度等级和表面粗糙度要求首先应满足工作要求，同时要考虑工艺条件及加工成本。

五、拟定工艺规程的主要步骤

（一）基准的选择

定位基准的选择是制定工艺规程的一个重要问题，它直接影响到工序的数目，夹具结构的复杂程度及零件精度是否易于保证，一般应对多种定位方案进行比较。

1. 基准的类型

零件总是由若干表面组成，各表面之间有一定的尺寸和相互位置要求。基准，就是零件上用来确定其他点、线、面所依据的那些点、线、面。基准按其作用的不同可分为设计基准和工艺基准两大类。

（1）设计基准。零件图上用以确定其他点、线、面的基准。例如，图4-4所示箱体，尺寸 C 说明顶面以底面 D 为设计基准，尺寸 x_3、y_3 和 x_4、y_4 说明 D、E 面是孔IV和孔III的设计基准，可见设计基准是零件图上尺寸标注的起始点，一般来说，基准关系是可逆的。

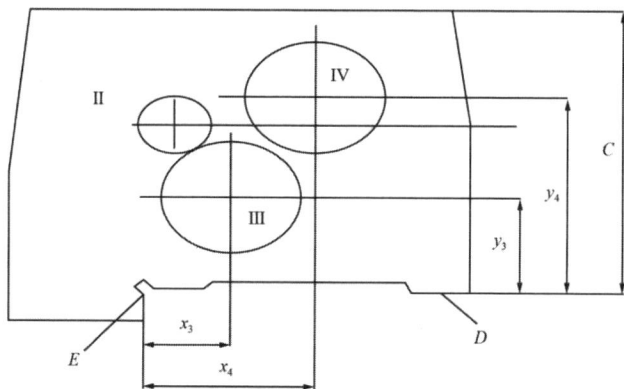

图4-4　设计基准示例

（2）工艺基准。在加工和装配中使用的基准，主要包括以下方面：

第一，定位基准。加工时使工件在机床或夹具上占有正确位置所采用的基准，例如阶梯轴的中心孔，箱体零件的底平面和内壁等。定位基准应限制足够的自由度来实现定位。

第二，度量基准。检验时用来确定被测量零件在度量工具上位置的表面，称为"度量基准"。例如，主轴支承在 V 形铁上检验径向跳动时，支承轴颈表面就是度量基准。

第三，装配基准。装配时用来确定零件或部件在机器上位置的表面，称为"装配基准"。例如，主轴箱体的底面 D 和导向面 E，主轴的支承轴颈等都是它们各自的装配基准。

2. 定位基准及其选择

设计基准已由零件图给定，而定位基准可以有多种不同的方案，必须加以合理的选择。在第一道工序中只能选用毛坯表面来定位，称为粗基准，在以后的工序中，采用已经加工过的表面来定位，称为精基准。由于粗基准和精基准的作用不同，两者的选择原则也各异。

（1）粗基准的选择原则。

第一，工件若需要保证某重要表面余量均匀，则应选该重要表面为粗基准。如图 4-5 所示，床身导轨加工，导轨面要求硬度高而且均匀。其毛坯铸造时，导轨面向下放置，使表层金属组织细致均匀，没有气孔、夹砂等缺陷。因此加工时希望只切去一层较小而均匀的余量，保留组织紧密耐磨的表层，且达到较高加工精度。可见应选导轨面为粗基准，此时床脚上余量不均匀并不影响床身质量。

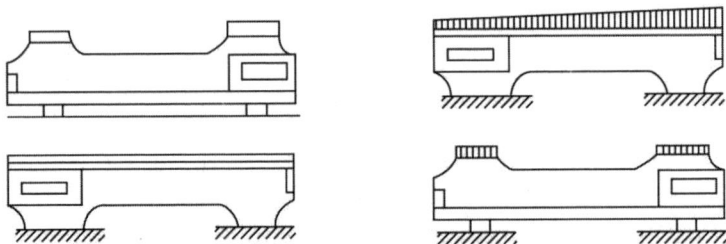

图 4-5　床身导轨加工的粗基准选择

第二，若工件必须首先保证加工表面与不加工表面之间的位置要求，则应选不加工表面为粗基准，因为不加工表面在工件上是不变的，加工表面是可变的，以不加工表面为基准，就可以达到壁厚均匀、外形对称等要求。若有好几个不加工表面，则粗基准应选用位置精度要求较高者。图 4-6 所示工件，在毛坯铸造时毛孔 2 和外圆 1 之间有偏心。本道工序切削加工内孔，而外圆 1 不需要加工，零件要求壁厚均匀，因此粗基准应为外圆 1。

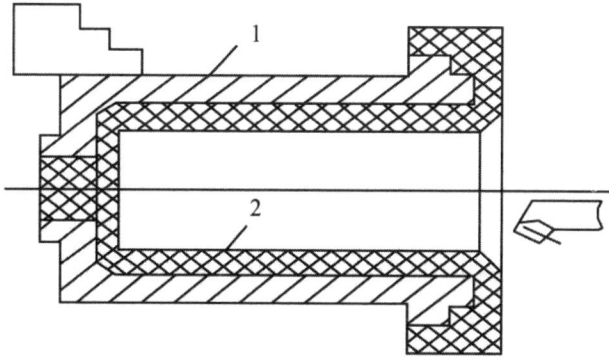

图 4-6　不加工表面作为粗基准

第三，若工件上每个表面都要加工，则应以余量最小的表面作为粗基准，以保证各表面都有足够余量。如图 4-7 所示，锻轴由于大端半径余量为 7mm，小端半径余量只有 4mm，而大小端外圆偏心量有 5mm，当以大端外圆为粗基准，以致小端可能无法加工，应改选加工余量较小的小端外圆为粗基准。

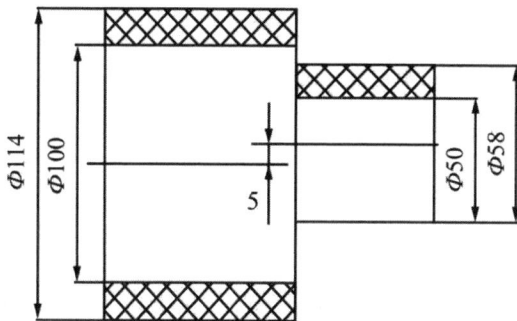

图 4-7　粗基准的错误选择

（2）精基准的选择原则。

第一，应尽可能选用设计基准作为精基准，避免基准不重合生产的定位误差，这就是"基准重合原则"。对于零件的最后精加工工序，更应遵循"基准重合原则"。

第二，应尽可能选用统一的定位基准加工各表面，以保证各表面间的位置精度，这就是"基准统一原则"。采用统一基准能用同一组基面加工大多数表面，有利于保证各表面的相互位置要求，避免基准转换带来的误差，而且简化了夹具的设计和制造，缩短了生产准备周期，轴类零件的中心孔，箱体零件的一面两销，都是统一基准的典型例子。

不论是粗基准还是精基准，都应满足定位准确稳定的要求，为此定位基面应有足够大的接触面积和分布面积。接触面积大能承受较大切削力，分布面积大使定位稳定可靠、精度高。基准选择的各项原则有时是互相矛盾的，必须根据实际条件和生产类型分析比较。综合考虑这些原则，以达到定位精度高、夹紧可靠、夹具结构简单、操作方便的要求。

（二）工艺路线的拟定

工艺路线的拟定是制定工艺规程的关键一步。在具体工作中，应该提出多种方案进行分析比较，因为工艺路线不但影响加工的质量和效率，而且影响到工人的劳动强度、设备投资、车间面积、生产成本等，必须严谨从事，使拟订的工艺路线达到多、快、好、省的要求。除定位基准的合理选择外，拟订工艺路线还要考虑以下方面。

1. 加工方法的选择

根据每个加工表面的技术要求，确定其加工方法及加工次数。表面达到同样质量要求的加工方法可以有多种，因而在选择从粗到精各加工方法及其步骤时要综合考虑以下方面工艺因素的影响。

（1）各种加工方法的经济精度和表面粗糙度，使之与加工技术要求相当，各种加工方法的经济精度和表面粗糙度可参考有关标准。这是在一般情况下可达到的经济精度和表面粗糙度，在某些具体条件下是会改变的。而且随着生产技术的发展及工艺水平的提高，同一种加工方法所能达到的经济精度和表面粗糙度也会提高。

（2）工件材料的性质。例如淬火钢应采用磨削加工，有色金属则磨削困难，一般采用金刚镗或高速精密车削进行精加工。

（3）考虑生产类型，即生产率和经济性问题。在大批量生产中可采用专用的高效率设备，故平面和孔可采用拉削加工取代普通的铣、刨和镗孔方法。如果采用精化毛坯，如粉末冶金制造油泵齿轮、失蜡浇铸柴油机的小零件等，则可大大减少切削加工量。

（4）考虑本厂本车间现有设备情况及技术条件。应该充分利用现有设备，挖掘企业潜力，但也应考虑不断改进现有方法和设备，推广新技术，提高工艺水平。

2. 加工阶段的划分

工艺路线按工序性质不同而划分成以下阶段：

（1）粗加工阶段。粗加工阶段的主要任务是切除大部分加工余量，因此主要问题是如何获得高的生产率，此阶段加工精度低，表面粗糙度值大。

（2）半精加工阶段。半精加工阶段使主要表面消除粗加工留下的误差，达到一定的精度及精加工余量，为精加工做好准备，并完成一些次要表面如钻孔、铣键槽等的加工。

（3）精加工阶段。精加工阶段使各主要表面达到图纸要求。

（4）光整加工阶段。光整加工阶段对于精度和光洁度要求很高，采用光整加工。但光整加工一般不用于纠正几何形状和相互位置误差。

3. 工序的集中与分散

（1）工序集中的特点。

第一，由于采用高效专用机床和工艺设备，提高了生产率。

第二，减少设备数量，相应地减少了操作工人数和生产面积。

第三，减少了工序数目，缩短了工艺路线，简化了生产计划工作。

第四，减少了加工时间，减少了运输路线，缩短了加工周期。

第五，减少了工件安装次数，不仅提高生产率，而且由于在一次安装中加工许多表面，易于保证它们之间的相互位置精度。

第六，专用机床和工艺设备成本高，其调整、维修费时费事，生产准备工作量大。

（2）工序分散的特点。

第一，由于每台机床只完成一个工序，可采用结构简单的高效机床（如单能机床）和工装，容易调整，也易于平衡工序时间，组织流水生产。

第二，生产准备的工作量小，容易适应产品更换。

第三，工人操作技术要求不高。

第四，设备数量多，操作工人多，生产面积大。

第五，生产周期长。

4. 加工顺序的安排

（1）切削加工顺序的安排应考虑以下原则：

第一，先粗后精。各表面的加工工序按从粗到精的加工阶段交叉进行。

第二，先主后次。工件上的装配基面和主要工件表面等先安排加工，而键槽、紧固用的光孔和螺孔等加工由于加工面小，又和主要表面有相互位置的要求，一般都应安排在主要表面达到一定精度之后，例如，半精加工之后，但又在最后精加工之前。

第三，基面先行。每一加工阶段总是先安排精基面加工工序，例如，轴类零件加工中采用中心孔作为统一基准，因此每个加工阶段开始，总是先打中心孔、重打或修研中心孔，作为精基准，应使之具有足够高的精度和光洁度，并常常高于原来图纸上的要求，如精基面不止一个，则应按照基面转换次序和逐步提高精度的原则来安排，例如精密坐标镗床主轴套筒，其外圆和内孔就要互为基准反复进行加工。

第四，先面后孔。对于箱体、支架、连杆拨叉等零件，平面所占轮廓尺寸较大，用平面定位比较稳定可靠，因此其工艺过程总是选择平面作为定位精基面，先加工平面，再加工孔。

（2）热处理的安排。热处理的目的在于改变材料的性能和消除内应力，可分为以下步骤：

第一，预备热处理，安排在加工前以改善切削性能，消除毛坯制造时的内应力。例如，含碳量超过0.5%的碳钢，一般采用退火以降低硬度；含碳量0.5%以下的碳钢则采用正火，以提高硬度，使切削时切屑不粘刀。由于调质能得到组织细致均匀的回火索氏体，有时也用作预备热处理，但一般安排在粗加工之后。

第二，最终热处理，安排在半精加工之后和磨削加工之前（氮化处理则在粗磨和精磨之间），主要用来提高材料的强度和硬度，如淬火—回火，各种化学热处理（渗碳、氮化）。因淬火后材料的塑性和韧性很差，有很高的内应力，容易开裂，组织不稳定，使其性能和尺寸发生变化，故淬火后必须进行回火。其中调质处理使材料获得一定的强度硬度，又有良好冲击韧性的综合机械性能，常用于连杆、曲轴、齿轮和主轴等柴油机、机床零件。

第三，去应力处理，包括人工时效，退火及高温去应力处理等。精度一般的铸件只需进行一次，安排在粗加工后较好，可同时消除铸造和粗加工的应力，减少后续工序的变形。精度要求较高的铸件，则应在半精加工后安排的第二次时效处理，使精度稳定。精度要求很高的精密丝杆、主轴等零件，则应安排多次时效。对于精密丝杆、精密轴承、精密量具及油泵油嘴等，为了消除残余奥氏体、稳定尺寸，还要采用冰冷处理，即冷却到−80~−70℃，保温1~2h，一般在回火后进行。

（3）辅助工序的安排。检验工序是主要的辅助工序，是保证质量的重要措施。除了各工序操作者自检外，还应单独安排的场合包括：①粗加工阶段结束之后；②重要工序前后；③送往外车间加工前后；④特种性能（磁力探伤，密封性等）检验；⑤加工完毕，进入装配和成品库时。此外，去毛刺、倒棱边、去磁、清洗、涂防锈油等都是不可忽视的辅助工序。

（三）加工余量的确定

在由毛坯变为成品的过程中，在某加工表面切除的金属层的总厚度称为该表面的加工总余量，每一道工序切除的金属层厚度为工序间加工余量。外圆和孔等旋转表面的加工余量是指直径上的，故为对称余量，即实际所切除的金属层厚度时加工余量之半。平面的加工余量，则是单边余量，它等于实际切除的金属厚度。

由于各工序尺寸都有公差，故各工序实际切除的余量是变化的。工序公差一般规定为"入体"方向，即对于轴类零件的尺寸，工序公差取单向负偏差，工序的名义尺寸等于最大极限尺寸；对于孔类零件的尺寸，工序公差取单向正偏差，故工序名义尺寸等于最小极限尺寸。

加工总余量的大小对制定工艺过程有一定影响，总余量不够，将不足以切除零件上有误差和缺陷的部分，达不到加工要求；总余量过大，不但增加加工劳动量，也增加材料、工具和电力的消耗，从而增加成本。

加工总余量的数值与毛坯制造精度有关，若毛坯精度差，余量分布极不均匀，必须规定较大的余量。加工总余量的大小还与生产类型有关，生产批量大时，总余量应小些，相应地要提高毛坯精度。

对于工序间余量，目前不采用计算方法来确定，一般工厂都按经验估计。工序间余量同样应适当，特别是对于一些精加工工序，例如精磨、研磨、珩磨、浮动镗削等，都有合适的加工余量范围，若余量过大，会使精加工时间过长，反而破坏精度和光洁度；余量过小则使工件某些部位加工不出来。此外，由于余量不均匀，还影响加工精度，所以对精加工工序的余量大小和均匀性要有规定。

（四）确定工序尺寸和公差

计算工序尺寸和标注公差是制定工艺规程的主要工作之一，工序尺寸是指零件在加工过程中各工序所应保证的尺寸，其公差按各种加工方法的经济精度选定，工序尺寸则要根据已确定的余量及定位基准的转换情况进行计算，可以归纳为以下情况：

第一，当定位基准和测量基准与设计基准不重合时，进行尺寸换算所形成的工序尺寸。

第二，从尚需继续加工的表面标注的尺寸，实际上它是指基准不重合以及要保证留给一定的加工余量所进行的尺寸换算。

第三，某一表面需要进行多次加工所形成的工序尺寸。它是指加工该表面的各道工序定位基准相同，并与设计基准重合，只需要考虑各工序的加工余量。

第二节　机械加工表面质量及其影响因素

一、加工表面质量

（一）加工表面的几何形状误差

1. 表面粗糙度

表面粗糙度是加工表面的微观几何形状误差，其波长与波高的比值一般小于50。

2. 波度

加工表面不平度中波长与波高的比值等于 50～1000 的几何形状误差称为波度。它是由机械加工中的振动引起的。

3. 纹理方向

纹理方向是指表面刀纹的方向，它取决于表面形成过程中所采用的机械加工方法。

4. 伤痕

伤痕是在加工表面一些个别位置上出现的缺陷，例如，砂眼、气孔、裂痕等。

（二）表面层金属的力学物理性能和化学性能

由于机械加工中力因素和热因素的综合作用，加工表面层金属的力学物理性能和化学性能将发生一定的变化，主要反映在以下方面：

1. 表面层金属的冷作硬化

在机械加工过程中，工件表面层金属都会有一定程度的冷作硬化，使表面层金属的显微硬度有所提高。一般情况下，硬化层的深度可达 0.05～0.3mm，若采用滚压加工，硬化层的深度可达几毫米。

2. 表面层金属的金相组织变化

机械加工过程中，由于切削热的作用会引起表面层金属的金相组织发生变化。在磨削淬火钢时，由于磨削热的影响，会引起淬火钢的马氏体的分解或出现回火组织等。

3. 表面层金属的残余应力

由于切削力和切削热的综合作用，表面层金属晶格会发生不同程度的塑性变形或产生金相组织的变化，使表面层金属产生残余应力。

二、机械加工表面质量对机器使用性能的影响

（一）表面质量对耐磨性的影响

1. 表面纹理对耐磨性的影响

在轻载运动副中，两相对运动零件表面的刀纹方向均与运动方向相同时，耐

磨性好；两者的刀纹方向均与运动方向垂直时，耐磨性差，这是因为两个摩擦面在相互运动中，切去了妨碍运动的加工痕迹。但在重载时，两相对运动零件表面的刀纹方向均与相对运动方向一致时容易发生咬合，磨损量反而加大；两相对运动零件表面的刀纹方向相互垂直，且运动方向平行于下表面的刀纹方向，磨损量较小。

2. 表面粗糙度对耐磨性的影响

表面粗糙度值大，接触表面的实际压强增大，粗糙不平的凸峰间相互咬合、挤裂，使磨损加剧，表面粗糙度值越大越不耐磨；但表面粗糙度值也不能太小，表面太光滑，因存不住润滑油使接触面间容易发生分子黏结，也会导致磨损加剧。

3. 表面冷作硬化对耐磨性的影响

机械加工后的表面，由于冷作硬化使表面层金属的显微硬度提高，可降低磨损。加工表面的冷作硬化，一般能提高耐磨性；但是过度的冷作硬化将使加工表面金属组织变得疏松，严重时甚至出现裂纹，使磨损加剧。

（二）表面质量对耐蚀性的影响

零件的耐蚀性在很大程度上取决于表面粗糙度。大气所含气体和液体与金属表面接触时，会凝聚在金属表面而使金属腐蚀。表面粗糙度值越大，加工表面与气体、液体接触的面积越大，腐蚀物质越容易沉积于凹坑中，耐蚀性能就越差。当零件表面层有残余压应力时，能够阻止表面裂纹进一步扩大，有利于提高零件表面抵抗腐蚀的能力。

（三）表面质量对配合性质的影响

加工表面如果太粗糙，必然要影响配合表面的配合质量。对于间隙配合表面，初期磨损的影响最为显著，零件配合表面的起始磨损量与表面粗糙度的平均高度成正比增加，原有间隙将因急剧的初期磨损而改变，表面粗糙度越大，变化量就越大，从而影响配合的稳定性。对于过盈配合表面，表面粗糙度越大，两表面相配合时的表面凸峰越容易被挤掉，使过盈量减少。

（四）表面质量对耐疲劳性的影响

表面粗糙度对承受交变载荷零件的疲劳强度影响很大。在交变载荷作用下，表面粗糙度的凹谷部位容易引起应力集中，产生疲劳裂纹。表面粗糙度值越小，表面缺陷越少，工件耐疲劳性越好；反之，加工表面越粗糙，表面的纹痕越深，纹底半径越小，其抵抗疲劳破坏的能力越差。表面粗糙度对耐疲劳性的影响还与材料对应力集中的敏感程度及材料的强度极限有关。钢材对应力集中最为敏感，钢材的极限强度越高，对应力集中的敏感程度就越大，而铸铁和非铁金属对应力集中的敏感性较弱。

表面层金属的冷作硬化能够阻止疲劳裂纹的生长，可提高零件的耐疲劳性。在实际加工中，加工表面在发生冷作硬化的同时，必然伴随产生残余应力。残余应力有拉应力和压应力之分，拉应力将使耐疲劳性下降，而压应力将使耐疲劳性提高。

三、机械加工表面质量的影响因素

（一）表面粗糙度的影响因素

"随着机械加工技术的发展，工件的加工更加精密，使用寿命更长，这就对工件的表面质量提出了更高的要求。"[1]

1. 磨削加工后的表面粗糙度

磨削时由分布在砂轮表面上的磨粒与被磨表面间做相对转动产生的切削划痕，构成了表面的粗糙度。单位面积的磨粒越多，划痕越多越细密，则粗糙度值越低。磨削过程中，砂轮上的磨粒分布不均，粗细、高低不匀，每颗磨粒相当于一个刀刃，且大多数为负前角，磨削时砂轮速度很高，磨削层又薄，此时，比较锋利和突出的磨粒起着切削作用，而较钝的磨粒只是在工件表面划擦而过，有的甚至只起摩擦抛光作用。这样就在被磨削表面出现无数微细溜槽，溜槽两侧伴随有塑性隆起，同时，磨削时温度很高，更增加了塑性变形，影响了表面粗糙度。

① 赵宝爱，杨晓东，李志鹏. 机械加工表面质量的探究 [J]. 内燃机与配件，2021 (17)：122.

根据磨削的特点，磨削表面粗糙度的主要影响因素如下：

（1）砂轮的选择。砂轮粒度越细，砂轮单位面积上磨粒数多，参加切削的磨粒也多，因而在工件磨削表面刻痕就细密，但粒度太细砂轮易堵塞，如果得不到及时修整，会使工件温度升高，塑性变形增加，表面粗糙度值增大。

砂轮硬度太高，磨钝后的砂粒不易脱落，"自励性"差，砂轮在工件表面产生强烈的摩擦，易导致工件表面烧伤；硬度太低，砂轮磨损快，会导致粗糙度值增加。故砂轮硬度要适中，具有良好的"自励性"，参加切削的砂粒要多，分布要均匀，加工后的表面粗糙度值就低。

（2）砂轮的修整。砂轮修整的目的是使砂轮具有正确的几何形状和锋利的微刃。砂轮经过修整后，砂轮表面平整而切削微刃等高性好，磨出的工件表面粗糙度值就小。

（3）磨削用量。磨削是为了使工件表面达到细小的粗糙度，为此一般选用薄的磨削深度、小的进给量、高的磨削速度。薄的磨削深度可使磨削力和磨削热降低，塑性变形和表面的挤压也都较小，因而有利于降低粗糙度值。当磨削速度大于工件材料塑性变形速度时，材料来不及变形，因而可减少溜槽两侧的塑性隆起现象，降低表面粗糙度值。

（4）冷却润滑液的应用。合理选择冷却润滑液的成分或润滑方式，对减少砂轮磨损、降低磨削区的温度都十分有利，可以有效降低表面粗糙度值。

2. 切削加工后的表面粗糙度

（1）刀具几何形状对表面粗糙度的影响。切削加工后的表面粗糙度，是在刀具的切削刃相对于工件运动时，在已加工表面遗留下来的切削层残留面积所形成的。如果将切削过程理想化，则表面粗糙度完全是刀具几何形状在切削加工过程中的反映。

（2）切削用量对表面粗糙度的影响。从物理因素方面考虑，要减小表面粗糙度主要应避免产生积屑瘤和鳞刺，减小加工中的塑性变形，通常采取的措施是选用合适的切削速度和改善被加工材料的性质。在低、中切削速度下，切削塑性材料时容易产生积屑瘤和鳞刺；增大切削速度，使切削屑形容易，流动通畅，可以使积屑瘤和鳞刺减小甚至消失，从而减小表面粗糙度。

（3）零件材料性能对表面粗糙度的影响。对表面粗糙度影响最大的是材料的塑性和金相组织。材料的塑性越大，积屑瘤和鳞刺越易生成和长大，表面粗糙度值越大；对于同样的材料，晶粒组织越大，加工后的表面粗糙度值也越大。因此，为了减小表面粗糙度，常在切削加工前对工件作正常化或调质处理，以提高材料的硬度、降低塑性，并得到均匀细密的晶粒组织。

此外，合理选择冷却润滑液可以减小切削过程中工件材料的变形和摩擦，并抑制积屑瘤和鳞刺的生成。使用冷却润滑液还可降低切削区的温度，改善切削塑性变形状态，有利于降低表面粗糙度。

（二）表面层力学物理性能和化学性能的影响因素

1. 表面层金属的冷作硬化

（1）冷作硬化及其评定参数。切削过程中产生的塑性变形，会使表面层金属的晶格发生扭曲、畸变，晶粒间产生剪切滑移，晶粒被拉长甚至破碎，这些都会使表面层金属的硬度和强度提高，这种现象称为冷作硬化，亦称强化。冷作硬化的程度取决于塑性变形的程度。被冷作硬化的金属处于高能位的不稳定状态，金属的不稳定状态就要向比较稳定的状态转化，这种现象称为弱化。弱化作用的大小取决于温度的高低、热作用时间的长短和表面层金属的强化程度。由于在加工过程中表面层金属同时受到变形和热的作用，加工后表面层金属的最后性质取决于强化和弱化综合作用的结果。

（2）冷作硬化的影响因素。

第一，刀具的影响。切削刃钝圆半径越大，已加工表面在形成过程中受挤压的程度越大，加工硬化程度也越大；当刀具后刀面的磨损量增大时，后刀面与已加工表面的摩擦随之增大，冷作硬化程度也增加；减小刀具的前角，加工表面层塑性变形增加，切削力增大，冷作硬化程度和深度都将增加。

第二，切削用量的影响。切削速度增大时，刀具对工件的作用时间缩短，塑性变形不充分，随着切削速度的增大和切削温度的升高，冷作硬化程度将会减小。

第三，加工材料的影响。加工材料的硬度越低、塑性越大，冷作硬化现象越严重。非铁金属的再结晶温度低，容易弱化，因此切削非铁合金工件时的冷硬倾向程度要比切削钢件时小。

2. 表面层金属的残余应力

机械加工过程中由于切削变形和切削热等因素的作用在工件表面层材料中产生的内应力，称为残余应力。

（1）冷态塑性变形引起的残余应力。在切削加工过程中，工件表面受到刀具的挤压和摩擦而发生塑性变形。这种变形大多是在工件的法向被压缩，切向伸长；基体在阻碍塑性变形时，自身也发生弹性变形；当刀具的作用过去后，基体弹性恢复，使塑性变形后的表层与基体之间产生内应力。一般地，冷态塑性变形造成残余压应力。

（2）热态塑性变形引起的残余应力。在切削热作用下，工件表层受热膨胀并处于热塑性状态（塑性提高、强度下降），受温度较低的基体金属牵制而产生塑性变形；表层降温时，其冷缩又受基体阻碍而产生残余拉应力。磨削时，工件表层温度越高，热塑性变形就越大，所造成的残余拉应力导致磨削裂纹的产生。

（3）金相组织变化引起的残余应力。切削时产生的高温会引起表层金相组织的变化。不同的金相组织有不同的密度，表面层金属金相组织变化引起的体积变化，必然受到与之相连的基体金属的阻碍，因此就会有残余应力产生。当表面层金属体积膨胀时，表层金属产生残余压应力，里层金属产生残余拉应力；当表面层金属体积缩小时，表层金属产生残余拉应力，里层金属产生残余压应力。例如，淬火钢磨削时发生回火烧伤，表层组织由马氏体变为索氏体，由于密度增大，使体积减小，结果就会在表层形成残余拉应力。

一般情况下，用刀具进行的切削加工以冷态塑性变形为主，所形成的残余应力大小取决于塑性变形和冷作硬化程度；磨削时，上述三种形式的残余应力均有可能出现，但总以其中的一种或两种占主导地位，所形成的残余应力也是它们综合作用的结果。表面层存在残余压应力时，对零件的使用是有利的，而残余拉应力则有很大的害处。

3. 表面层金属的金相组织变化

机械加工过程中，在工件的加工区域，温度会急剧升高，当温度升高到超过工件材料金相组织变化的临界点时，就会发生金相组织变化。切削加工时，切削热大部分被切屑带走，因此影响较小，多数情况下，表面层金属的金相组织没有质的变化。磨削加工时，切除单位体积材料所需消耗的能量远大于切削加工，磨削加工所消耗的能量绝大部分要转化为热，磨削热传给工件，使加工表面层金属金相组织发生变化。

磨削淬火钢时，会产生不同类型的烧伤，具体如下：

（1）如果磨削区温度超过马氏体转变温度而未超过相变临界温度，这时工件表层金属的金相组织由原来的马氏体转变为硬度较低的回火组织（索氏体或托氏体），这种烧伤称为回火烧伤。

（2）如果磨削区温度超过了相变温度，在切削液急冷的作用下，使表层金属发生二次淬火，硬度高于原来的回火马氏体，里层金属则由于冷却速度慢，出现硬度比原先的回火马氏体低的回火组织，这种烧伤称为淬火烧伤。

（3）若工件表层温度超过相变温度，而磨削区又没有冷却液进入，表层金属产生退火组织，硬度急剧下降，称为退火烧伤。

磨削烧伤严重影响零件的使用性能，必须采取措施加以控制，可采取以下两种途径：①尽可能减少磨削热的产生；②改善冷却条件，尽量减少传入工件的热量。采用硬度稍软的砂轮，适当减小磨削深度和磨削速度，适当增加工件的回转速度和轴向进给量，采用高效冷却方式（如高压大流量冷却、喷雾冷却、内冷却）等措施，都可以降低磨削区温度，防止磨削烧伤。

第三节 机械加工过程中的振动及控制

一、振动的基本类型

机械加工过程中产生的振动，是一种十分有害的现象，它会干扰和破坏工艺系统的正常运动，使加工表面产生波纹，影响零件的表面质量和使用性能。"在机械加工中，机械振动的发生对于机械加工质量会产生直接影响，因而需要相关工作人员解决机械振动问题，从而为更好进行机械加工提供有效基础与保障。"[1]

---

[1] 李晓峰. 机械加工过程中机械振动的成因及解决措施 [J]. 科技创新导报，2020，17（17）：64.

（一）自由振动

自由振动是指当系统受到初始干扰力而破坏了其平衡状态后，系统仅靠弹性恢复力来维持的振动。由于系统中总是存在着阻尼，自由振动将逐渐衰减。在切削过程中，由于材料硬度不均或工件表面有缺陷，工艺系统就会产生这类振动，但由于阻尼作用，振动将迅速衰减，因而对机械加工的影响不大。

（二）自激振动

1. 自激振动的特性

切削加工时，在没有周期性外力作用的情况下，刀具与工件之间也可能发生强烈的相对振动，并在工件加工表面留下明显的、有规律的振纹。这种由振动系统本身产生的交变力激发和维持的振动称为自激振动，也称颤振。工艺系统在偶发的干扰力作用下产生瞬间微弱的振动，此振动导致切削力的波动，当切削力的波动反馈到工艺系统起到促进振动作用时，便产生了自激振动。

自激振动具有以下特性：

（1）自激振动的频率接近或等于系统的固有频率，完全由系统本身的参数决定。

（2）自激振动是一种不衰减的振动。振动过程要消耗能量，若没有能量的补充则成为衰减的自由振动。而自激振动会从振动过程中获取能量，来补充阻尼的损失。当获得的能量大于消耗的能量时，振动加剧，表现为振幅加大，使耗能增加；反之则衰减，直至获得能量与消耗能量相等，形成稳定振幅的不衰减振动。

（3）自激振动是由内部激振力引起的。自激振动往往是由偶然的干扰力诱发的。干扰力消失后，自激振动却持续进行，所以干扰力是外因。自激振动的内因是系统内部在振动开始后有一个能自行产生和维持振动的交变力，因此在自振系统中必定有一个调整环节，能把非振荡性能源转换为交变的内部激振力并得到控制。因此自激振动相当于由内部激振力维持的受迫振动。

2. 切削颤振原理

（1）再生颤振学说。金属切削过程中，在切削区内往往存在重叠部分，如车削和磨削圆柱面时，刀具或砂轮"踩着"前一圈切出的部分，当前一圈切削因偶然因素在表面上留有振纹时，此振纹就成了继续切削时产生颤振的初始条件。

刀具在有波纹的表面切削时，切削力会因切削厚度的变化而发生周期性变化，使工艺系统受到交变力的作用，易引起颤振。而产生颤振，且颤振得以持续的关键问题是振动系统如何从振动循环中获得能量。

当前一圈切削所产生的振纹 y_0 和延续到本圈切削的振纹 y 相位相同时，如图 4-8[①]（a）所示，切削厚度没有大的变化，切削力波动很小，系统不发生振动。

当 y 比 y_0 相位滞后 φ 角，刀具向工件切入切出时，切削厚度是变化的。刀具切入过程中，切削力与刀具切入方向相反，对刀具做负功；切出时，切削力与刀具切出（后退）的方向相同，对刀具做正功。由图 4-8（b）可知，在刀具切入的半个周期内，切削平均厚度比切出的半个周期小。因此，在一个振动周期内，切削力对刀具做的正功大于负功，正、负功相抵后振动系统还获得了一部分能量，使振动得以维持。

如果 y 比 y_0 相位超前，如图 4-8（c）所示，则与上述情况相反，在振动周期内振动系统将损失能量，使振动很快衰减。

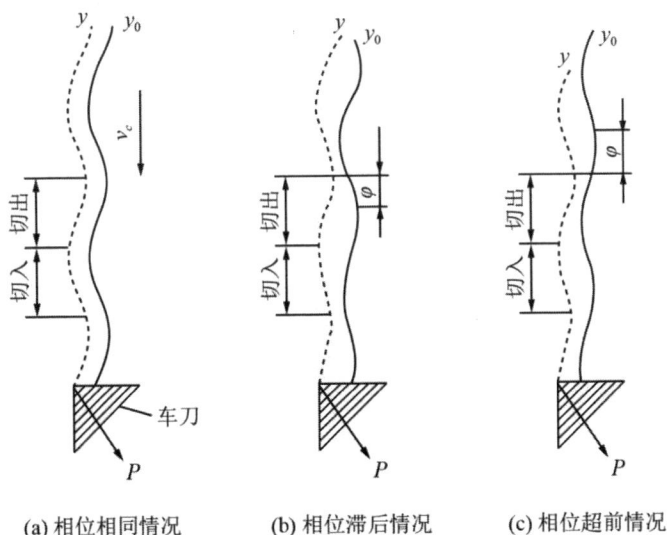

(a) 相位相同情况　　(b) 相位滞后情况　　(c) 相位超前情况

图 4-8　再生颤振示意图

① 蔡安江等. 机械制造技术基础 [M]. 武汉：华中科技大学出版社，2019：145-151.

y 与 y_0 的相位关系取决于振动频率与工件转速之比，当后一圈切削波纹的相位比前一圈滞后，就构成了产生再生颤振的条件。振动系统可从振动周期中获得能量，使颤振能持续稳定地维持。

（2）振型耦合学说。以车削为例，用实验手段可测得在切削过程中刀尖以椭圆形的轨迹发生位置变化。如图 4-9 所示，刀尖振动时走过 A→C→B→D→A 的轨迹，此过程伴随着切削厚度的变化，使切削力产生周期性的变化，维持颤振。刀尖的这种运动轨迹还说明了此时的颤振是多自由度的振动系统，通常视为两个自由度的振动系统。设刀具和刀架的质量为 m，分别是刚度为 K_1 和 K_2 互相垂直的双向弹性支承，同时在 x_1 和 x_2 两个方向上以不同的振幅和相位振动。刀尖在前半周切入（A→C→B）时，切削分力 F_d 方向与刀尖位移方向相反，切削力对刀具做负功；后半周切出时，切削力对刀具做正功。同时从图中可知，刀具切入的前半周平均切削厚度较小，切出的后半周平均切削厚度较大，因此切削分力对刀具做的正功大于负功，振动系统在振动循环中可获得能量，以维持颤振。获得能量越多，颤振的振幅就越大。

颤振是否发生，与两个弹性支承的方向和刚度大小的配置有关。若 x_1 在 y 轴与切削分力 F_d 之间，即 $0<a_1<\beta$，且 $K_1>K_2$ 时，颤振不发生；而 $K_1<K_2$ 时，则产生颤振。

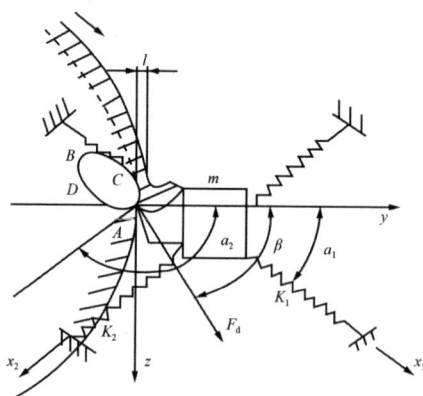

图 4-9　具有两个自由度的振动系统

（三）强迫振动

机械加工过程中的强迫振动是指由于外界周期性干扰力（激振力）的作用而

引起的振动。强迫振动是影响加工质量和生产效率的关键因素之一。

1. 强迫振动产生的原因

强迫振动的振源有来自机床内部的，称为机内振源；有来自机床外部的，称为机外振源。机内振源主要有机床旋转件的不平衡、机床传动机构的缺陷、往复运动部件的惯性力以及切削过程中的冲击等。

机床中各种旋转零件（如电动机转子、联轴节、带轮、离合器等），由于形状不对称、材质不均匀或加工误差、装配误差等因素，难免会有偏心质量产生。偏心质量引起的离心惯性力与旋转零件转速的平方成正比，转速越高，产生周期性干扰力的幅值就越大。

齿轮制造不精确或有安装误差会产生周期性干扰力。带传动中的平带接头连接不良，链传动中由于链条运动的不均匀性，以及轴承滚动体大小不一等机床机构的缺陷产生的动载荷都会引起强迫振动。

油泵排出的压力油，其流量和压力是脉动的。由于液体压差及油液中混入空气而产生的空穴现象，也会使机床加工系统产生振动。在铣削、拉削加工中，刀齿在切入工件或从中切出时，都会有很大的冲击发生。加工断续表面也会发生由于周期冲击而引起的强迫振动。在具有往复运动部件的机床中，最强烈的振源往往是往复运动部件改变运动方向时所产生的惯性冲击。

2. 强迫振动的基本特征

（1）频率。在机械加工中产生的强迫振动，其振动频率与干扰力的频率相同，或是干扰力频率的整数倍。这种频率的对应关系是诊断机械加工中所产生的振动是否为强迫振动的主要依据，并可利用上述频率特征去分析、查找强迫振动的振源。

（2）幅值。强迫振动的幅值既与干扰力的幅值有关，又与工艺系统的动态特性及干扰力频率有关。在干扰力源频率不变的情况下，干扰力的幅值越大，强迫振动的幅值越大。工艺系统的动态特性对强迫振动的幅值影响极大。如果干扰力频率远离工艺系统各阶模态的固有频率，则强迫振动响应将处于机床动态响应的衰减区，振动幅值很小；当干扰力频率接近工艺系统某一固有频率时，强迫振动的幅值将明显增大；若干扰力频率与工艺系统某一固有频率相同，系统将产生共振。如果工艺系统阻尼较小，则共振幅值将很大。根据强迫振动的这一特征，可通过改变运动参数或工艺系统的结构，使干扰力源的频率发生变化或让工艺系统的某阶固有频率发生变化，使干扰力源的频率远离工艺系统的固有频率，强迫振动的幅值就会明显减小。

（3）相位角。强迫振动的位移变化总是比干扰力在相位上滞后一个 φ 角，其值与系统的动态特性及干扰力频率有关。

二、机械加工振动的控制

（一）振型耦合的控制

1. 振型耦合的控制参数

对于多自由度振动系统，刀具的振动轨迹一般都不是直线，而是封闭的空间曲线；对于二自由度振动系统，其振动轨迹为椭圆形曲线。由振型耦合原理可知，振动系统的稳定性取决于椭圆形振动轨迹的转向和椭圆长轴的方位。在图4-9中，z 向振动相对于 y 向振动的相位差 φ 的大小不同，椭圆形振动轨迹的转向和椭圆长轴的方位均会发生变化。当相位差 φ 位于Ⅰ、Ⅲ象限时，加工系统有振型耦合产生；当相位差 φ 位于Ⅱ、Ⅳ象限时，加工系统是稳定的。由此可知，z 向振动相对于 y 振动的相位差 φ 可作为诊断振型耦合的诊断参数。

2. 振型耦合的控制要领

如果切削过程中发生了强烈颤振，可设法测得 z 向振动相对于 y 向振动在主振频率处的相位差 φ。若相位差 φ 位于Ⅰ、Ⅲ象限，则可判断机械加工过程中有振型耦合产生；若相位差 φ 位于Ⅱ、Ⅳ象限，则可判断机械加工过程中产生的振动不是振型耦合。

（二）再生颤振的控制

1. 再生颤振的控制参数

再生颤振是指由切削厚度变化效应产生的动态切削力激起的，而切削厚度的变化则主要是由切削过程中被加工表面前、后转（次）切削振纹相位上不同步引起的，相位差 φ 的存在是引起再生颤振的根本原因，它的大小决定了机床加工系统的稳定状态。因此，可用相位差 φ 作为诊断再生颤振的诊断参数。

2. 相位差 φ 的测量与计算

由于颤振信号通常是混频信号，且一般来说，遗留在工件表面上的振痕并不是刀具、工件间相对振动的简单再现，因而要想直接测量工件表面上前、后两转（次）切削振痕的相位差 φ 是不可能的。相位差 φ 可通过测量颤振频率 f（Hz）及工件转速 n（r/min）间接求得。

以车削为例，工件每旋转一转的切削振痕数 J 计算公式如下：

$$J = \frac{60f}{n} = J_z + J_w \qquad (4-1)$$

式中：J_z——J 中的整数部分；

　　　J_w——J 中的小数部分。

相位差 φ 可通过 J_w 间接求得，公式如下：

$$\varphi = 360°(1 - J_\omega) \qquad (4-2)$$

对式（4-2）进行全微分、增量代换及取绝对值，可得相位差 φ 的测量误差，公式如下：

$$\Delta\varphi | \leqslant \frac{21600°}{n^2}(f|\Delta n| + n|\Delta f|) \qquad (4-3)$$

式中：Δn——工件转速的测量误差；

　　　Δf——颤振频率的测量误差。

如果测量误差 $\Delta\varphi$ 的要求一定，由式（4-3）可计算确定转速 n 和颤振频率 f 的测量精度。如果测量误差 Δn 和 Δf 已确定，也可通过该式来估计相位差 φ 的测量误差。

为避免错判现象发生，相位差 φ 的测量误差应不大于10°。在通常的机床结构及常用的切削参数条件下，若满足 $|\Delta\varphi| \leqslant 10°$ 的要求，应使工件转速的测量误差 $|\Delta f| \leqslant 0.02\text{Hz}$。一般来说，较高的转速测量精度比较容易获得，但采用通常的频谱分析技术，其频率分辨率是无法达到 0.02Hz 的。为获得较高的频率分辨率，在再生颤振的诊断中，需采用频率细化技术。

3. 再生颤振的控制要领

如果机械加工过程中发生了强烈振动，可设法测得被切工件前、后两转（次）振纹的相位差 φ。若相位差 φ 位于 Ⅰ、Ⅱ 象限内（即 $0° < \varphi < 180°$），则可判定机械过程中有再生颤振产生；若相位差 φ 位于 Ⅲ、Ⅳ 象限内（即 $180° < \varphi < 360°$），则可判定该振动不是再生颤振。

（三）强迫振动的控制

1. 强迫振动的控制依据

强迫振动的频率与外界干扰力的频率相同（或是它的整数倍）。强迫振动与外界干扰力在频率方面的对应关系是诊断机械加工振动是否属于强迫振动的主要依据。可采用频率分析方法，对实际加工中的振动频率成分逐一进行诊断和判别。

2. 强迫振动的控制程序

（1）现场拾振。现场拾振是指在现场加工条件下，沿加工部位附近的振动敏感方向，用传感器拾取机械加工过程中的振动响应信号，经放大后由磁带机录制在磁带上。

（2）频谱分析处理。将拾取的振动响应信号输入频谱分析仪做自功率谱密度函数处理，自谱图上各峰值点的频率即为机械加工的振动频率。自谱图上较为明显的峰值点有多少，机械加工系统中的振动频率成分就有多少。在位移谱图上，峰值最大的振动频率成分就是机械加工系统的主振频率成分。

（3）进行环境试验、查找机外振源。在机床处于完全停止的状态下，拾取振动信号，进行频谱分析。此时所得到的振动频率成分均为机外干扰力源的频率成分。然后将这些频率成分与现场加工的振动频率成分进行对比，如两者完全相同，则可判定机械加工中产生的振动属于强迫振动，且干扰力源在机外环境中。如现场加工的主振频率成分与机外干扰力频率不一致，则需进行空运转试验。

（4）进行空运转试验、查找机内振源。机床按加工现场所用运动参数进行运转，但不对工件进行切削加工。采用相同的办法拾取振动信号，进行频谱分析，确定干扰力源的频率成分，并与现场加工的振动频率成分进行对比。除已查明的机外干扰力源的频率成分外，如果两者完全相同，则可判定现场加工中产生的振动属于强迫振动，且干扰力源在机床内部。如果两者不完全相同，则可判断在现场加工的所有振动频率中，除去强迫振动的频率成分外，其余频率成分有可能是自激振动。

如果干扰力源在机床内部，还应查找其具体位置。可采用分别单独驱动机床各运动部件，进行空运转试验，查找振源的具体位置。但有些机床无法做到这一点，比如车床除可单独驱动电动机外，其余运动部件一般无法单独驱动。此时，则需对所有可能产生振动的运动部件，根据运动参数（如传动系统中各轴的转速、齿轮齿数等）计算频率，并与机内振源的频率对照，确定机内振源位置。

三、控制机械加工振动的途径

（一）消除或减弱产生振动的条件

1. 消除或减弱产生强迫振动的条件

（1）消除或减小内部振源。机床上的高速回转零件必须满足动平衡要求；提高传动元件及传动装置的制造精度和装配精度，保证传动平稳；使动力源与机床本体分离。

（2）调整振源的频率。在选择转速时，使可能引起强迫振动的振源频率 f 远离机床加工系统薄弱环节的固有频率 f_n，一般应满足下式：

$$\left|\frac{f_n - f}{f}\right| \geq 0.25 \qquad (4-4)$$

（3）采取隔振措施。隔振有两种方式：①主动隔振，是为了阻止机床振源通过地基外传；②被动隔振，是阻止机外干扰力通过地基传给机床。常用的隔振材料有橡皮圈（垫）、金属弹簧、空气弹簧、矿渣棉、木屑等。

2. 消除或减弱产生自激振动的条件

（1）调整振动系统小刚度主轴的位置。图4-10（a）所示尾座结构为小刚度主轴 x_1 刚好落在切削力 F 与 x 轴的夹角 β 范围内，容易产生振型耦合。图4-10（b）所示尾座结构较好，小刚度主轴 x_1 落在切削力 F 与 x 轴的夹角 β 范围之外。除改进机床结构设计之外，合理安排刀具与工件的相对位置，也可调整刚度主轴的相对位置。

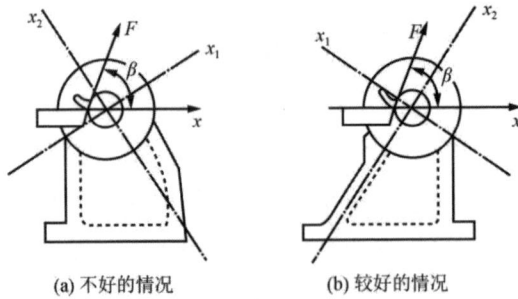

(a) 不好的情况   (b) 较好的情况

图 4-10　两种尾座结构

（2）减小重叠系数。再生颤振是由于在有波纹的表面上进行切削引起的，如果本转（次）切削不与前转（次）切削振痕相重叠，就不会有再生颤振发生。图 4-11 中的 *ED* 是上转（次）切削留下的带有振痕的切削宽度，*AB* 是本转（次）切削的切削宽度，重叠系数计算公式如下：

$$\mu = \frac{CD}{AB} = \frac{ED - EC}{AB} = \frac{AB - EC}{AB} = 1 - \frac{\sin\kappa_r \sin'_r}{\sin(\kappa_r + \kappa'_r)} \times \frac{f}{a_p} \qquad (4-5)$$

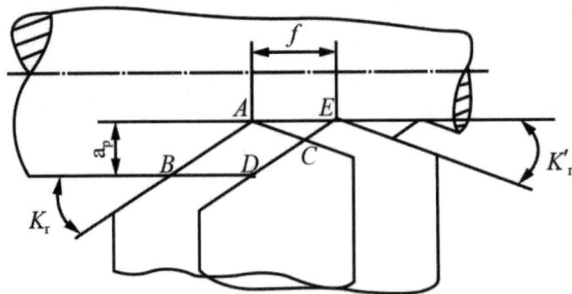

图 4-11　重叠系数

重叠系数越小，越不容易产生再生颤振。μ 值大小取决于加工方式、刀具的几何形状及切削用量等。适当增大刀具的主偏角 K_r 进给量 f，可减小重叠系数 μ。

（3）减小切削刚度。减小切削刚度可以减小切削力，可以降低切削厚度变化效应（再生效应）和振型耦合效应的作用。改善工件材料的可加工性、增大前角、主偏角和适当提高进给量等，均可使切削刚度下降。

（二）改善工艺系统的动态特性

1. 提高工艺系统的刚度

提高工艺系统薄弱环节的刚度，可以有效提高机床加工系统的稳定性。提高各结合面的接触刚度，对主轴支承施加预载荷，对刚性较差的工件增加辅助支承等都可以提高工艺系统的刚度。

2. 增大工艺系统的阻尼

增大工艺系统中的阻尼，可通过多种方式实现。例如，使用高内阻材料制造零件，增加运动件的相对摩擦，在床身、立柱的封闭内腔中充填型砂，在主振方向安装阻振器等。

（三）采用减振装置

1. 动力式减振器

动力式减振器是用弹性元件 k_2 将一个附加质量 m_2 连接到主振系统 m_1、k_1 上，如图 4-12 所示，利用附加质量的动力作用，使其加到主振系统上的作用力（或力矩）与激振力（或力矩）大小相等、方向相反，从而达到抑制主振系统振动的目的。

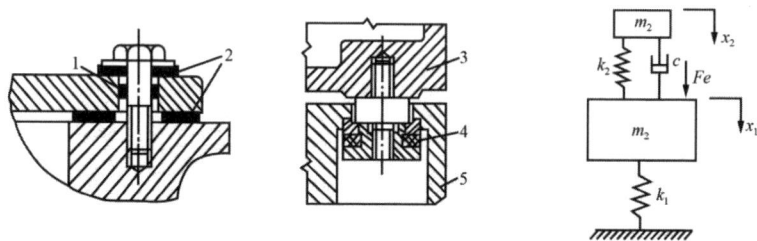

1—橡皮圈；2—橡皮垫；3—机床；4—弹簧阻尼元件；5—附加质量 mz

图 4-12　动力式减振器

2. 摩擦式减振器

摩擦式减振器是利用摩擦阻尼来消散振动能量。图 4-13 所示是一个装在车床尾架上的摩擦式减振器，它是靠填料圈的摩擦阻尼来减小振动。

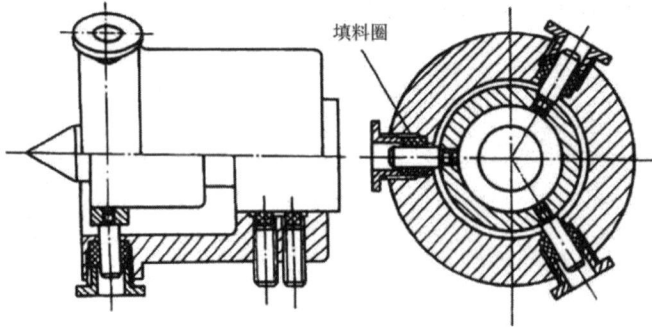

图 4-13　装在车床尾架上的摩擦式减振器

3. 冲击式减振器

图 4-14（a）、（b）分别是冲击式减振镗杆和冲击式减振镗刀的结构示意图，它们都是利用两物体相互碰撞要损失动能的原理，在振动体 M 上装一个起冲击作用的自由质量 m。系统振动时，自由质量 m 反复冲击振动体 M，消耗振动体的能量，达到减振目的。

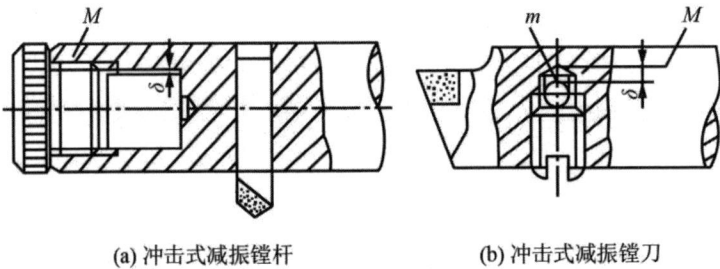

(a) 冲击式减振镗杆　　　　　(b) 冲击式减振镗刀

图 4-14　冲击式减振器

第五章 机械制造自动化及其控制系统

第一节 机械制造自动化途径与系统

机械自动化是指机械设备在无人干预的情况下，按照预设的操作指令或程序工作。将机械自动化转化为生产力，离不开先进技术的支撑。目前，自动化控制技术在机械制造业领域的应用越发成熟，但仍有较大的完善空间，还需从技术因素和人为因素等方面入手，逐步实现更深层次的发展，为机械制造业的转型赋予强大的活力。"机械自动化技术的产生和发展极大地推动了机械产业的发展和进步，同时推动了我国国民经济的发展，具有很大的经济价值。"①

一、机械自动化技术的意义与结构

机械自动化技术，作为一种先进且实用的技术手段，已经被广泛应用于机械制造业中。它能够对生产加工流程的各个环节进行优化，合理地配置和利用生产资源，从而大大地提高生产效率。随着机械自动化技术的不断进步，我国的机械制造业得以稳步发展，同时也推动了国民经济的持续增长。通过合理运用机械自动化技术，不仅改善了机械制造业的工作环境，提高了产品质量，缩短了生产周期，还实现了对人力资源和物力资源的节约。此外，机械自动化技术的推广和应用，使工作人员从繁重的手工操作中解放出来，进一步提高了工作效率和生产质量。

（一）机械自动化技术的重要意义

机械自动化技术在现代机械制造业中的地位日益显著，其作用在激烈的市场

---

① 赵刚. 机械制造自动化技术的应用及发展前景 [J]. 花炮科技与市场，2018（2）：53.

竞争和行业挑战中尤为关键。通过引入先进的机械自动化技术，并实施高效的控制系统工程，企业能够显著优化生产成本、提升产品质量、缩短生产周期，从而增强自身的市场竞争力。机械自动化技术与其他科学技术的显著区别在于，它融合了多个学科领域和多种科学技术，为工业生产制造带来了前所未有的便捷。

在机械生产领域，机械自动化技术的应用不仅仅是一种技术上的革新，更是一种思维方式和生产理念的转变。随着理论基础的不断夯实和实践经验的逐步积累，机械自动化技术水平也在不断提升，从最初的半自动化、全自动化，逐步发展到智能化阶段。这种技术的进步不仅极大地提高了生产质量和效率，还为企业创造了更广阔的效益增长空间。

此外，机械自动化技术的应用还推动了生产模式的变革，从传统的劳动密集型向技术密集型转变，不仅减轻了工人的劳动强度，还提高了生产的灵活性和适应性。通过智能化设备和系统的应用，企业能够更快速地响应市场变化，满足客户个性化需求，从而在竞争中占据有利位置。总之，机械自动化技术已经成为推动机械制造业发展的重要力量，对于提升我国机械制造业的整体水平和国际竞争力具有重要意义。

（二）机械自动化技术的内部结构

机械自动化是一个复杂的技术系统，它由多个内部单元紧密协作而成，包括程序单元、作用单元、传感单元、制定单元和控制单元等。这些单元的协同作用，确保了制造工作的高效进行。

程序单元在自动控制系统工程中扮演着至关重要的角色，它负责设定系统的运行方式和逻辑顺序。通过编写和优化程序代码，程序单元能够指导整个系统按照预定的流程和参数进行操作，确保生产过程的顺利进行。

作用单元则负责为自动控制系统提供精确的定位和执行功能。它根据程序单元的指令，通过机械臂、输送带、机器人等执行机构，完成具体的操作任务，如组装、焊接、包装等，确保系统的正常运行和生产效率。

传感单元是自动控制系统的感知器官，它通过安装的各种传感器实时监测系统的运行状态和环境变化。这些传感器可以检测温度、压力、速度、位置等各种物理量，并将数据反馈给控制单元，以便及时调整和优化系统的运行。

制定单元则是自动控制系统的决策中心，它根据传感单元提供的信息，以及预设的控制策略和算法，对系统发出行动指令。这些指令包括启停设备、调整参数、切换模式等，确保系统能够适应不同的生产需求和环境变化。

控制单元作为自动控制系统的核心，它负责接收制定单元的指令，并根据这些指令调节各个作用单元的动作。通过精确地控制算法和反馈机制，控制单元能够确保系统在复杂多变的生产环境中保持稳定和高效运行。

自动控制系统工程的实施，不仅提高了生产效率和产品质量，还减少了人为错误和劳动成本，增强了企业的市场竞争力。随着技术的不断进步，机械自动化系统将变得更加智能化和自适应，为制造业未来的发展开辟新的道路。

二、自动化技术和机械制造的融合

（一）自动化信息管理的运用

自动化信息管理体现在以下方面：

1. 产品的设计阶段

工程师利用 CAD 软件辅助设计，以提高设计的工作效率。

2. 产品的制造阶段

技术工人根据产品的设计图纸，借助 CAM 等计算机辅助制造软件，高效地展开编辑与消隐、变换等信息处理工作。在设计与制造阶段灵活运用计算机技术，促使整个生产过程更加优化，产品质量与生产效率得以稳步升级。尤其是产品生产中的数控技术应用，更利于实现对生产过程的有效控制。

（二）自动化运输的运用

在生产管理环节引入机械自动化技术，能够显著提升整个工作流程的效率和流畅性。通过在运输设备上安装先进的控制软件，企业可以实现产品生产过程中的自动化运输。这一变革不仅节省了运输成本，还提高了产品运输的效率和安全性，从而有助于缩短产品的生产周期。

具体来说，自动化运输系统能够根据生产需求自动调节运输路线和速度，确保产品在最短的时间内从生产线运输到下一工序或仓库。这种自动化运输方式减少了人工干预，降低了人为错误的风险，同时也减轻了工人的劳动强度。

此外，自动化运输系统还可以通过实时监控和数据分析，优化运输路线和调度策略，进一步提高运输效率。同时，通过与其他管理系统（如库存管理系统、生产执行系统等）的集成，自动化运输系统可以实现生产信息的实时共享和协同，从而提高整个生产管理环节的响应速度和决策效率。

（三）自动化生产的运用

生产自动化涉及原材料的加工与存储、产品的运输与监测等多个环节。应用机械自动化技术，能够提高各生产环节的安全可靠性，促使产品的质量得以逐步提升。在机械自动化生产的过程中，通过对机器设备进行有效的数据控制，对产品进行多次检查核验，审核产品的安全质量，确保产品达标。机械自动化生产技术的应用，促使整体的生产流程呈现出高精度和快速等特点，生产人员不需要轮流监管各项生产环节，也避免了一定的人力资源浪费。

（四）自动化装配设备

自动化装配设备是指在生产过程中，通过预设的程序，设定好生产所需机械零件的类型、规格等信息，并自动完成对这些零件的运输和安装工作。这一过程旨在确保机械设备的操作能够符合企业自身的生产需求，从而提高操作的安全性和可靠性。

自动化装配设备的运用是现代工业生产中的重要一环，它不仅能提高生产效率，降低人工成本，还能减少人为错误，提高产品质量。同时，自动化装配设备还能根据企业的实际情况进行灵活调整，适应不同产品的装配需求。因此，自动化装配设备在提升企业的整体竞争力和市场地位方面发挥着关键作用。

三、自动化技术的未来发展趋势

（一）集成化

计算机技术的飞速发展已经带动了各行各业的现代化进程，尤其在机械制造业中，促进了大规模集成系统应用的实现。在工程学理论的指引下，通过数控加工、信息管理、计算机测试和辅助设计等多个方面的技术融合，构建了一个完整的产业链。通过对各个生产环节的简化和技术含量的提升，实现了协调一致的发展，将生产效率和质量提升到一个新的层次。

随着现代科技的支持，集成化技术与各种信息化技术的融合日益紧密，其强大的信息处理能力成为各行业生产的新趋势。在新形势下，机械制造领域面临巨大的发展潜力，集成化机械制造方式能够简化制造过程，从而显著提升制造效率和生产率。这种趋势不仅提高了机械制造业的竞争力，也为企业带来了更高的经济效益。

（二）智能化

为提高市场竞争力，实现效益最大化的发展目标，落后的技艺逐渐被淘汰，被新兴的高科技所取代，成为行业与时代发展的必然。机器制造行业传统生产设计工艺的科技含量不断提高，从以往的注重最终产品，逐步向关注系统的信息处理与集成处理的方向转变，也离不开智能化技术的支撑。智能化技术的功能强大，通过各类自动化技术与人工智能的整合，发挥优势协同效应，对科研专家的实践精准模拟，并在生产制造中高效地利用。智能化技术可实时监控系统的运行状况，及时发现存在的安全隐患。智能化技术提高了系统对外部环境变化的适应能力，促使系统处于良好的运行状态。

智能化制造技术实现了多个技术的整合，包括计算机技术、人工智能拓展技术、自动化控制技术、机械制造基础技术等，其中计算机技术在系统中处于核心地位，通过抓取大数据和深入的逻辑推理分析，及时判断生产现状，人为操作逐步被思维模拟所取代。由此可见，基于科技元素深度体现的智能化系统，实现了信息加工系统、生产加工系统的高度整合。专业技术人员依托人工智能技术，可实现对机械生产环节的远程操控监管，通过实施动态的监管模式，积极促进机械制造业稳步向前发展。技术人员只需在远程控制中心对机械设备进行摄像监管，根据系统数据的反馈，即可了解整体生产流程的进度。

（三）柔性化

机械制造领域在现代开放的市场环境下，逐步推进了对产业链的扩展。面对材料和市场的变化冲击，需要各生产制造单位快速适应各类变化因素的影响，而引入柔性自动化技术，可有效解决这一问题。柔性自动化是指机械制造与设置及生产等方面的良性协调、良好的衔接，及时调整产品的结构及生产进度等情况，充分发挥机械自动化技术在协调和优化内部生产系统等方面的作用价值。

（四）敏捷化

敏捷化技术通过建立合作虚拟公司的模式，并依托于高效的合作分工机制，显著增强生产制造的整体竞争力，有效应对市场的多元化需求。在这种技术系统中，构建虚拟公司的角色至关重要，它要求对合作伙伴的竞争力、信誉等关键因素进行深入评估。借助虚拟化生产技术，企业能够实现灵活的敏捷制造。敏捷化技术在集成制造系统中具有核心作用，其技术水平的持续提升，为推动系统的创新和发展提供了强大动力。随着技术的不断进步，集成制造系统将更加智能化、灵活化和个性化，从而更好地适应市场需求的变化，提升企业的核心竞争力。

（五）虚拟化

计算机的飞速发展，带动了各种科技的衍生，如制图领域的计算机绘图控制技术、机械制造领域的人工智能与现代仿真技术等，此类先进技术整合现代其他信息大数据技术，更利于促进虚拟化技术作用价值的发挥。虚拟化技术主要利用各类新兴技术模拟整个生产制造过程，数据分析和高效解决生产中的各种问题，预防与排查潜在的隐患，切实减少员工的工作量与负担。

虚拟化技术的应用节省了人力资源，少数管理或技术等主体参与即可完成高效的生产制造；降低了各类成本，可带动企业效益和竞争力的提升。虚拟化技术近似于智能化技术，后者主要是智能化地调整生产现状，而前者是借助高端技术和计算机、多媒体的模拟。虚拟化的机械自动化技术应用，更利于实现人力和物力等资源的高效利用及优化配置。

（六）节能化

机械制造行业在绿色可持续发展的进程中，要想满足生产规模拓展的需求，需注重人与资源之间的和谐发展。机械生产是工业发展的动力，但牺牲环境的发展思想是不可取的，不能忽视工业发展进程中对环境产生的影响。需积极响应国家提出的环保、节能、高效等方针号召，根据绿色和谐发展的宗旨去应用机械自动化技术，减少污染，切实带动资源利用效率的提升。

（七）数控技术

计算机的编程技术功能强大，而数控技术正是以各种编程技术为基础，高效存储和处理生产制造中的各类数据，从而控制生产制造的全程。数控技术不仅会利用编程技术，也会利用光电技术和电子感应技术等各种现代技术，提高管理工作的便捷度和产品生产规格的精准度、生产制造的效率等，优化配置整合生产制造系统，以此达到理想的生产制造效果。

四、自动化技术的应用优化对策

（一）攻克技术瓶颈

我国的机械自动化技术虽然发展迅速，但由于起步较晚，仍未能完全满足机械制造业规模化发展的需求。为了缩小这一差距，必须加大对机械自动化技术的研发投入，紧密结合机械制造业的实际情况，不断探索和创新技术。社会各界应加强对机械自动化技术的支持，以助力其与时俱进发展。这不仅仅是推广机械自动化技术项目的基础工作，还包括积极发展相关的配套技术，确保机械自动化技术能够在生产的各个环节中得到有效应用。

在机械制造领域应用机械自动化技术时，企业需要充分考虑自身的实际情况。根据企业的经济能力，选择成本较低的技术手段，确保在不对企业正常运营造成影响的前提下，逐步推动企业向自动化和智能化转型。我国的机械自动化技术在实际应用中仍有很大的提升空间。企业应根据自身的实际情况，遵循实用性和经济性原则，选择能够快速见效、投资成本较低的自动化技术，以确保自动化技术能够发挥其应有的作用，并有助于扩大企业的利润空间。企业在引入先进自动化技术的过程中，应考虑到现有设备的改造需求，充分发挥自动化技术的优势，以实现生产过程的真正自动化。通过这种方式，企业能够更好地适应市场需求，提高生产效率和质量，从而在激烈的市场竞争中占据有利位置。

（二）加强管理维护

要想缩小我国机械自动化技术与国际水平之间的差距，应制定更为完善的维修管理体系，确保在开展机械自动化技术应用过程中，每一项不同的技术水平以及性能参数均在我国行业标准的范围内，以此来确保在生产过程中其自身的安全性以及稳定性。与此同时，还需要加强所有技术人员以及负责人员本身对机械自动化技术的掌握程度以及熟练水平，进一步提高员工的专业素质能力，并且要求所有员工在日常工作过程中明确规范操作的重要性，防止由于在操作过程中出现的人为误差或者是操作失误而导致机械自动化在使用过程中出现生产质量、生产安全等问题。尽可能减少在机械自动化技术使用过程中所存在的一系列不必要损失，确保机械自动化技术在应用时，无论是其应用价值或是应用效果均能实现充分、有效的发挥。

（三）加强人才储备

机械自动化技术在机械制造业中的价值实现，依赖于专业人才的强大支持。因此，加强对高素质人才的培养，对于推动机械制造业向智能化、标准化方向发展至关重要。为了吸引更多优秀的专业人才，特别是在科研和技术领域，不仅需要更新和优化人才队伍的结构体系，还要完善人才培养机制。通过定期组织培训教育活动，更新员工的专业知识和技能，确保他们能够熟练地执行规章制度和操作规程，从而在工作中得心应手。在科研领域人才培养方面，需要加大投入和关注度，积极培养具有创新能力的人才。同时，完善考核机制和激励机制，不断激发员工的潜能和主观能动性，使他们能够在日常工作中探索新的技术方法和手段，充分发挥自己的工作优势和价值。

（四）促进可持续发展

机械自动化技术在机械制造业中处于主导地位。要想促进机械制造业的可持续发展，需在保证机器自动化生产水平的同时，高效处理工厂废弃物等可持续发展的源头问题，树立科学发展观，及时发现并解决问题。要求专业技术人员合理地操作机械设备，确保其在生产环节中发挥作用，避免因操作不当而引起原材料浪费等问题。

在机械制造生产过程中，利用机械自动化技术可以进一步完善生产效率。可优化配置生产资源，节省整体的生产成本，为企业创造更多的经济收益。要想充分发挥机械自动化技术的利用价值，还需立足机械制造业的实际发展情况，在人才保障、技术保障等方面下功夫，整体性推进机械自动化技术改革和机械制造生产流程的精简优化，促使我国的机械制造行业在发展过程中能够努力向前并且实现稳步发展。而机械自动化技术对提高国内社会经济的整体发展而言，也有着积极的价值和意义，能够促使国内经济发展质量得到进一步提升。

第二节　机械制造自动化技术分析

"合理应用自动化技术对于机械制造水平的提高有着十分重要的作用。"①

一、机械制造系统自动化的种类

（一）单一产品大批量生产的自动化措施

产品单一、批量大时，可采用专用设备、专用流水线和自动线等刚性自动化措施来实现，一旦产品变化，则不能适应。通常采用以下自动化措施：

第一，通用机床的自动化改造。

第二，自动机床和半自动机床。

第三，组合机床。

第四，自动生产线（简称自动线）。自动线在汽车、拖拉机和轴承等制造业中应用十分广泛。

（二）多品种小批量生产的自动化的措施

在机械制造业中，大部分工厂企业都是多品种小批量生产，多年来，实现多

---

① 林伟龙. 自动化技术在机械设计制造中的运用分析 [J]. 新型工业化，2022，12（8）：257.

品种小批量生产自动化是一个难题。由于计算机技术、数控技术、加工中心、工作站、工业机器人等的发展，在这方面已有很大突破，出现了以计算机集成制造系统为代表的机械制造系统自动化。实现多品种小批量生产自动化可以采取以下措施。

1. 成组技术的措施

在机械加工中成组技术是成组工艺和成组夹具的综合，它是根据零件的几何形状、尺寸等几何特点和工艺特点的相似性进行分组分类，编制成组工艺，设计成组夹具。

2. 数字控制技术和数控机床的措施

在制造工艺领域，数字控制技术主要用于操纵机床，确保工件尺寸和形状的精确度。这种技术通过计算脉冲数量来控制运动，其中每个脉冲信号导致机床运动部件移动的距离被称为脉冲当量，因此得名数字控制。数字控制技术已经成为一项核心技术，不仅应用于机床，还广泛应用于机器人等其他机械设备。

从数控机床的功能性来看，存在多种类型的数控机床，包括简易型、经济型、全功能型，以及具备多种加工能力和自动换刀功能的加工中心。

从数字控制系统的角度来看，数控机床可以分为计算机控制和计算机直接控制两种类型。计算机控制是指使用单个计算机来控制单个机床，目前普遍采用微型计算机控制系统，其特点是通用性强、硬件和软件功能强大、运行稳定可靠、维护简便、成本较低。而计算机直接控制则是使用一台计算机以分时方式控制多台机床执行各自不同的任务，也被称为群控。计算机直接控制已经发展为多层次、递阶式的控制系统。

3. 适应控制的措施

在机械加工（如切削和磨削）中，在线检测加工状态，并及时修正控制参数，以实现加工过程的优化，获得预定的加工目标或效果，这种控制称为适应控制。一个适应控制系统要能进行工作，必须具备判别功能、决策功能和校正功能。加工过程的适应控制可以分为性能适应性控制和几何适应性控制，前者又可分为优化适应性控制和约束适应性控制。

4. 柔性制造系统的措施

柔性制造系统是当前应用得最广泛的制造系统，一般指可变的、自动化程度较高的制造系统，由多台数控机床或加工中心组成，没有固定的加工顺序和节拍，能在不停机调整的情况下更换工件及夹具，在时间和空间（多维性）上都有高度的可变性。

5. 计算机集成制造系统的措施

计算机集成制造系统又称计算机综合制造系统，是由以计算机辅助设计为核心的产品建模信息系统，以计算机辅助制造为中心的加工、检测、装配自动化工艺系统和以计算机辅助生产管理为主的管理信息系统所组成的综合体。其中管理信息系统包括生产计划的制订和调度、物资供应计划和财务管理等。集成制造系统是一个产品设计和制造的全盘自动化系统，它强调信息集成和功能集成，进行分级管理和递阶控制。

二、机械制造系统自动化柔性制造系统

（一）柔性制造系统的特点和适应范围

柔性制造系统由多台数控机床和加工中心组成，并有自动上料和下料装置、仓库和输送系统，在计算机及其软件的集中控制下，实现加工自动化，具有高度柔性，是一种计算机直接控制的自动化可变加工系统。与传统的刚性自动线相比，柔性制造系统具有以下突出特点：

第一，高度的柔性，能实现多种工艺要求不同的同"族"零件加工，实现自动更换工件、夹具、刀具及装夹，有很强的系统软件功能。

第二，高度的自动化程度、稳定性和可靠性，能实现长时间的无人自动连续工作（如连续 24 小时工作）。

第三，提高设备利用率，减少调整、准备终结等辅助时间。

第四，提高生产率。柔性制造系统以其高度自动化与灵活性，有效优化了生产流程，降低了生产成本，显著提升了企业的生产率及市场竞争力。

第五，降低直接劳动费用，增加经济收益。

柔性制造系统的适应范围很广，柔性制造单元、柔性制造生产线都属于柔性制造系统的范畴。柔性制造系统主要解决单件小批量生产的自动化，把高柔性、高质量、高效率结合和统一起来，具有很强的生命力，是当前最有实效的生产手段，并逐渐向中大批量多品种生产的自动化发展。

（二）柔性制造系统的分类

柔性制造系统包括柔性制造单元、柔性制造系统、柔性制造生产线。

1. 柔性制造单元

柔性制造单元是由单台计算机控制的数控机床或加工中心、环形（圆形或椭圆形）托盘输送装置或工业机器人所组成，采用切削监视系统实现自动加工，不停机就可转换工件进行连续生产，它是一个可变加工单元，是组成柔性制造系统的基本单元。

2. 柔性制造系统

柔性制造系统是由两台或两台以上的数控机床、加工中心或柔性制造单元所组成，配有自动输送装置（有轨、无轨输送车或机器人）、工件自动上下料装置（托盘交换或机器人）和自动化仓库，并有计算机综合控制功能、数据管理功能、生产计划和调度管理功能、监控功能等。

3. 柔性制造生产线

柔性制造生产线是针对某种类型（族）零件的，带有专业化生产或成组化生产的特点。它由多台加工中心或数控机床组成，其中有些机床带有一定的专用性，全线机床按工件的工艺过程布局，可以有生产节拍，但它本质上是柔性的，是可变加工生产线，具有柔性制造系统的功能。

（三）柔性制造系统的组成与结构

柔性制造系统由物质系统、能量系统和信息系统三部分组成，各系统又由许多子系统构成。

柔性制造系统的关键设备由加工中心和数控机床组成，其中以铣镗加工中心（包括立式和卧式）以及车削加工中心为主，一般由3~6台设备组合而成。在柔性制造系统中，常用的运输设备包括输送带、有轨或无轨输送车、移动式工业机器人等，也可以使用一些专用的运输设备。在一个柔性制造系统中，可以同时使用多种运输设备，形成复合运输网络，其布局可以是线形的、环形的或网状的。

在存储方面，柔性制造系统可以使用立体仓库和堆垛机，或者平面仓库和托盘站。托盘作为移动夹具，上面装有用于固定工件的夹具（如组合夹具、通用或专用夹具），工件被固定在工件夹具上，托盘、工件夹具和工件共同组成一个整体，由运输设备进行搬运，托盘则被固定在机床的工作台上。托盘站还可以作为临时的存储空间，通常位于机床附近，起到缓冲作用。仓库可以分为毛坯库、零件库、刀具库和夹具库等，其中刀具库分为集中管理的中央刀具库和分散在各个机床旁边的专用刀具库两种。

除了主要的加工设备，柔性制造系统还应配备清洗工作站、去毛刺工作站和检验工作站等辅助设施，这些工作站都是柔性制造单元的重要组成部分。

柔性制造系统多由小型计算机、计算机工作站和设备控制装置（如机床数控系统）形成递阶控制、分组管理，其工作内容有以下方面：

1. 生产过程分析和设计

根据生产纲领和生产条件，对产品零件进行工艺过程设计，对整个产品进行装配工艺过程设计，设计时应考虑工艺过程优化，能适应生产调度变化的动态工艺等问题。

2. 生产计划调度

制订生产作业计划，保证均衡生产，提高设备利用率。

3. 工作站和设备的运行控制

工作站是由若干设备组成的，如车削工作站是由车削加工中心和工业机器人等组成。工作站和设备的运行控制是指对机床、物料输送系统、物料存储系统、测量机、清洗机等的全面递阶控制。

4. 工况监测和质量保证

对整个系统的工作状况进行监测和控制，保证工作安全可靠，运行连续正常，质量稳定合格。

5. 物资供应与财会管理

使运行的柔性制造系统产生实际技术经济效果，因为柔性制造系统的投资较大，实际运行效果是必须考虑的。

三、机械制造系统自动化计算机辅助制造

利用计算机分级结构将产品的设计信息自动转换成制造信息，以控制产品的加工、装配、检验、试验、包装等全过程，以及与这些过程有关的全部物流系统和初步的生产调度，这就是计算机辅助制造（CAM）。

目前，CAM 的应用可以概括为两大类：一类是计算机直接与制造过程连接，以便对制造过程及其设备实施监视和控制，这是 CAM 的直接应用，如 CNC 和 FMS 等；另一类是计算机并不直接与制造过程连接，而是用计算机提供生产计划、进行技术准备、发出各种指令和有关信息，以便使生产资源的管理更为有效，从而对制造过程进行支持，这是 CAM 的间接应用。此时，给计算机输入数据和程序，再按照计算机的输出去指导生产。计算机辅助制造系统的组成可以分为硬件和软件两方面：硬件方面有数控机床、加工中心、输送装置、装卸装置、存储装置、检测装置、计算机等；软件方面有数据库、计算机辅助工艺过程设计、计算机辅助数控程序编制、计算机辅助工装设计、计算机辅助作业计划编制与调度、计算机辅助质量控制等。

随着计算机技术在各个部门的普及，人们逐渐意识到，仅仅在某个部门使用计算机辅助工作，并不能完全释放计算机在控制生产方面的巨大潜力。为了实现更全面的经济效益，需要利用更高级别的计算机系统来集中管理和控制各个环节，构建更高效的制造系统。因此，现在大型的计算机辅助制造系统通常采用二级或三级计算机分级结构。

例如，可以使用一台微型计算机来控制单个生产过程，一台小型计算机负责管理一群微型计算机，而一台中型或大型计算机则监督几台小型计算机的运行，从而形成一个计算机网络。这个网络能够监控和控制复杂的生产过程，并用于各种生产准备和管理活动，如零件程序设计和作业计划安排。

计算机辅助制造是一个复杂的系统工程，由于计算机在现代制造业的广泛应用，几乎所有制造系统自动化技术都可以广义地归类为计算机辅助制造领域。

四、机械制造系统自动化计算机集成制造系统

(一) 计算机集成制造系统 (CIMS) 的概念

CIMS 是 20 世纪 70 年代后，在计算机技术、信息技术及自动化制造技术（如 CAD/CAM、FMS 等）的基础上发展起来的，它是将一个工厂中的全部生产活动用计算机进行集成化管理的高柔性、高效益的自动化制造系统，是目前计算机控制的制造系统自动化技术的最高层次。

计算机集成制造（CIM）这个术语虽然已得到公认，但至今并没有一个为大家所普遍接受的定义。1988 年德国国家标准研究所颁布的 DIN 技术报告中，将 CIM 定义为"是与制造有关的、企业内部和外部所有部门功能的信息处理的综合利用，以获得产品计划和制造所需要的工程功能和组织功能的集成，并借助于适当的接口、数据库和网络，达到信息资源在部门之间的共享"。换言之，CIMS 是一个信息与知识高度集成的系统，其真谛在于，以计算机来辅助制造系统的集成，即以充分的信息交流或信息共享，促进制造系统或制造企业组织结构的优化及运行优化，以实现产品的订货、设计、制造、管理和销售过程的高度自动化和总体最优化，从而提高企业的竞争能力和生存能力。建立系统的关键在于，必须首先建立一个各功能部门能共享的庞大的数据库系统，并用信息网络将各部门联系起来。因此，CIMS 之新，就新在现代信息技术的应用，以及在这种技术环境下制造系统的新的组织形式和运行方式。

(二) CIMS 的基本组成体系

CIMS 的主要技术基础是 FMS，但又不同于一般的 FMS，而是集成化的 FMS。作为一个复杂系统的集成，CIMS 必须是有层次的。一般认为，CIMS 可分为五层：第一层为工厂层，它是决策工厂的整体资源、生产活动和经营管理的最高层；第二层为车间层，又称为区间层，这里的车间并不是目前工厂中"车间"的概念，车间层仅表示它要执行工厂整体活动中的某部分功能，进行资源调配和任务管理；第三层为单元层，这一层将支配一个产品的加工或装配过程；第四层为工作站层，它将协调站内的一组设备；第五层为设备层，这是指具体的设备，如

机床、测量机等，将执行具体的加工、装配或测量任务。

按照上述层级原理组成的 CIMS，一般可看作由管理信息系统、计算机辅助工程系统、生产过程控制与管理系统及物料的储存、运输和保障系统四个子系统和一个数据库组成的大系统。

1. 管理信息系统的作用

管理信息系统在生产系统中有着至高无上的地位，它是企业的核心与灵魂。该系统负责进行战略性的决策和宏观层面的管理活动。基于市场需求、物资供应等方面的信息，从全局和长远的角度出发，利用决策模型来确定投资策略和生产计划。此外，系统还会将决策产生的信息与数据，通过数据库和通信网络，与其他各个子系统进行有效的沟通和数据的交换，从而对这些子系统实施精准管理。

2. 计算机辅助工程系统的作用

计算机辅助工程系统是企业产品研究的开发系统，并能进行生产技术的准备工作。它能根据决策信息进行产品的计算机辅助设计，对零件和产品的使用性能、结构、强度等进行分析计算；利用成组技术的方法对零件、刀具和其他信息进行分类和编码，并在此基础上进行零件加工的计算机辅助工艺设计和编制数控加工程序，以及进行相应的工、夹具设计等生产技术准备工作。

3. 生产过程控制与管理系统的作用

生产过程控制与管理系统能够从数据库中检索到来自管理信息系统和计算机辅助工程系统传递的相关信息数据。该系统负责对生产流程进行即时监控和管理，并将生产过程中出现的新信息，如产品质量问题、生产统计资料、不合格产品率等，通过数据库回传至相关子系统。这样，决策机构就能根据这些信息做出适当的响应，并对生产活动进行及时调整。

4. 物料的储存、运输和保障系统的作用

物料的储存、运输和保障系统是组织原材料和配件的供应、成品和半成品的管理与输送及各功能部门与车间之间的物流系统。

5. 数据库的作用

CIMS 中的数据库涉及的部门众多，含有不同类型、不同逻辑结构和物理结构的数据及不同的操作语言和不同的定义等。因此，除各部门经常使用的某些信息可由中央数据库统一管理外，一般都在各部门或地区内建立专用的数据库，即在整个系统中建立一个分布式数据库。分布式数据库技术是由数据库技术和计算机网络通信技术相结合而发展起来的，在 CIMS 中采用这种技术可以有效地实现异机同构、数据共享的要求。

（三）CIMS 的应用

CIMS 是在新的生产组织原理和概念下形成的一种新型生产模式，目前，CIMS-ERC 在技术上已经实现了在计算机网络及分布式数据库支持下，将不同类型的计算机及设备控制器按信息共享、柔性生产的目的集成起来，从而形成从工程设计、生产调度与控制到加工制造的集成试验制造系统。该系统可以完成对有限加工对象（回转体和非回转体的有限品种）的 CAD/CAPP/CAM 的集成；建立一个包括加工制造、物料储存、刀具与夹具管理及测量等 8 个工作站的柔性制造单元，并实现了 CAD/CAM 的集成；实现了车间层、单元层、工作站层、设备层的递阶调度与控制。CIMS-ERC 的工程系统结构由两大部分组成，即信息系统和制造系统。

1. 信息系统的应用

信息系统包括系统各层的规划与控制系统和完成工程设计（CAD/CAPP/CAM）所需要的软硬件系统，以及支持上述两个系统的工厂自动化网络、分布式数据库及 CIMS 仿真 3 个支持系统软硬件。

2. 制造系统的应用

制造系统由多个子系统构成，包括加工与检测系统，由一台卧式加工中心、一台立式加工中心、一台车削中心和一台三坐标测量机共同组成；物料储运系统，由立体仓库、机器人、无轨输送小车以及缓冲站等设施组成；刀具管理系统，由中央刀库、对刀仪和刀具准备室等构成；以及工件装夹管理系统，由组合夹具和装卸台等部分组成。

制造系统在信息系统的管理和控制下工作，并及时地将制造信息反馈给信息系统。CIMS-ERC 的整个工作过程从工厂/车间计划开始，向设计部门及单元控制器下达零件设计计划及周生产计划。根据设计计划，CAD 进行零件设计，产生零件图样；CAPP/CAM 再根据 CAD 的结果进行工艺设计，产生工艺路线、工序及数控加工程序；夹具 CAD 产生组合夹具组装图；根据周生产计划，单元控制器将形成双日滚动计划，并通过调度模块产生作业单，下发给各有关工作站，最后通过监控模块对各工作站进行监控；刀具工作站根据作业单准备好刀具，在对刀仪上测量刀具尺寸后，将刀具装到加工中心的辅助刀库上；物流工作站准备好毛坯，并将它运送到装夹站，装夹站安装好待加工的毛坯后，由无人输送小车运送到缓冲站或加工中心，与此同时，加工工作站根据调度指令将向加工中心加载加工程序代码，控制加工中心进行加工。CIMS-ERC 的技术性能可与世界先进国家的 CIMS 相比，它的成功开发已引起了世界各国的普遍关注。

五、机械制造系统自动化智能制造系统

智能制造系统（IMS）是制造系统的最新发展，也是自动化制造系统的未来发展方向，换言之，未来的制造系统至少应同时具有智能化和自动化两个主要特征。

（一）智能制造系统产生的原因

智能制造系统是一种由智能机器和人类专家共同组成的人机一体化智能系统，它将人工智能技术融合进制造系统的各个环节中，通过模拟人类专家的智能活动，诸如分析、推理、判断、构思和决策等，取代或辅助制造环境中应由人类专家来完成的活动，使系统具有智能特征。

鉴于计算机无法完全取代人类，即便是最先进的智能制造系统，也依然需要人类专家的参与和支持。基于这一点，可以合理地认为智能制造系统是由三个核心部分构成的，即智能制造系统等于常规制造系统加上人工智能技术，再加上人类专家的知识和经验。因此，智能制造系统是典型的人机一体化系统。智能制造系统之所以出现，是由需求来推动的，主要表现在以下五个方面：

第一，制造系统中的信息量呈爆炸性增长的趋势，信息处理的工作量猛增，仅靠传统的信息处理方式，已远远不能满足需求，这就要求系统具有更多的智能，尽量减少人工干预。

第二，专业性人才和专门知识的严重短缺，极大地制约了制造业的发展，这就需要系统能存储人类专家的知识和经验，并能自主进行思维活动。根据外部环

境条件的变化自动作出适当的决策，尽量减少对人类专家的依赖。

第三，市场竞争越来越激烈，决策的正确与否对企业的命运生死攸关，这就要求决策人的素质高、知识面全，人类专家很难做到这一点。于是，就要求系统能融合尽可能多的决策人知识和经验，并提供全面的决策支持。

第四，制造技术的发展常常要求系统的最优解，但最优化模型的建立和求解仅靠一般的数学工具是远远不够的，要求系统具有人类专家的智能。

第五，有些制造环境极其恶劣，如高温、高压、极冷、强噪声、大振动、有毒等工作环境，使操作者根本无法在其中工作，也必须依靠人工智能技术解决问题。

（二）智能制造系统的特征

与传统的制造系统相比，智能制造系统具有以下特征。

1. 自组织能力

自组织能力指智能制造系统中的各种智能设备，能够按照工作任务的要求，自行集结成一种最合适的结构，并按照最优的方式运行。完成任务以后，该结构随即自行解散，以备在下一个任务中集结成新的结构。自组织能力是智能制造系统的一个重要标志。

2. 自律能力

自律能力是指搜集与理解环境信息和自身信息，并进行分析判断和规划自身行为的能力。智能制造系统能根据周围环境和自身作业状况的信息进行监测和处理，并根据处理结果自行调整控制策略，以采用最佳行动方案。这种自律能力使整个制造系统具备抗干扰、自适应和容错等能力。

3. 学习能力和自我维护能力

智能制造系统能以原有的专家知识为基础，在实践中不断进行学习，完善系统知识库，并删除库中有误的知识，使知识库趋向最优。同时，还能对系统故障进行自我诊断、排除和修复。这种特征使智能制造系统能够自我优化并适应各种复杂的环境。

4. 人机一体化

智能制造系统不仅仅是一个简单的"人工智能"系统，而是一个融合了人类与机器的智能化体系，代表了一种混合型的智能。依赖于人工智能的智能机器，其能力局限于机械式地推理、预测和判断，它们只能展现出逻辑思维（如专家系统）和一定程度上的形象思维（如神经网络），却无法实现灵感思维。而人类专家则能够同时具备这三种思维方式。在人机一体化概念中，强调了人类在制造系统中的关键作用，同时智能机器的辅助使得人类能够更有效地发挥其潜能，建立一种人机之间平等合作、相互理解和协作的关系。这种结合让人类和机器在不同层面上相互补充，共同提升。因此，在智能制造系统中，具有高素质和高智能的人才将能够发挥更大的作用，机器智能和人类智能将真正融合、相互支持，实现优势互补。

（三）智能制造系统的研究领域

理论上，人工智能技术可以应用到制造系统中所有与人类专家有关、需要由人类专家作出决策的部分，归纳起来，主要包括以下内容。

1. 智能设计

工程设计，特别是概念设计和工艺设计需要大量人类专家的创造性思维、判断和决策，将人工智能技术，特别是专家系统技术引入设计领域就变得格外迫切。目前，在概念设计和工艺设计领域应用专家系统技术均取得一些进展，但距人们的期望还有很大距离。

2. 智能机器人

在制造系统中，机器人可以分为两大类：一种是固定位置的机械臂，它们主要负责焊接、装配、装卸料等任务；另一种是能够自由移动的智能机器人，这类机器人在智能水平上有着更高的要求。智能机器人应当具备的相应的"智能"特性有：①视觉功能，也就是通过机器人的"眼睛"来观察物体，这些"眼睛"可以是工业摄像头；②听觉功能，即通过机器人的"耳朵"来接收声波信号，机器人的"耳朵"可能是一个麦克风；③触觉功能，即通过机器人的"手"或其他触觉器官来接收或获取触觉信息，这些触觉器官可以是各种类型的传感器；④

语音功能，也就是通过机器人的"嘴巴"与操作者或其他人员进行对话，机器人的"嘴巴"可能是一个扬声器；⑤理解能力，即机器人能够对接收到的信息进行分析、推理，并据此作出正确的决策，这种理解能力通常是通过专家系统来实现的。

3. 智能调度

与工艺设计类似，生产和调度问题往往无法用严格的数学模型描述，常依靠计划人员及调度人员的知识和经验，往往效率很低。在多品种、小批量生产模式占优势的今天，生产调度任务更显繁重，难度也大，必须开发智能调度及管理系统。

4. 智能办公系统

智能办公系统应具有良好的用户界面，善解人意，能够根据人的意志自动完成一定的工作。一个智能办公系统应具有"听觉"功能和语言理解能力，工作人员只需口述命令，办公系统就可根据命令去完成相应的工作。

5. 智能诊断

智能诊断系统能够自动检测自身的运行状态，如发现故障正在或已经形成，则自动查找原因，并进行使故障消除的作业，以保证系统始终运行在最佳状态。

6. 智能控制

智能控制系统能够根据外界环境的变化，自动调整自身的参数，使系统迅速适应外界环境。对于可以用数学模型表示的控制问题，常可用最优化方法去求解。对于无法用数学模型表示的控制问题，就必须采用人工智能的方法去优化求解。

总之，人工智能在制造系统中有着广阔的应用前景，应大力加强这方面的研究。由于受到人工智能技术发展的限制，制造系统的完全智能化实现起来难度很大，应从单元技术做起，一步一步向智能自动化制造系统方向迈进。

六、机械制造系统自动化绿色制造

（一）绿色制造及特点

制造业是将可用资源（包括能源）通过制造过程，转化为可供人类使用和利用的工业产品或生活消费品的产业。制造业一方面是制造人类财富的支柱产业，另一方面又产生大量废弃物（物料废弃物、能源废弃物、产品使用终结后的废弃物等）。

在 20 世纪 50 年代，制造业普遍采用了末端治理技术来应对环境污染问题。与早期采用的稀释排放方法相比，末端治理技术代表了一次重要的进步。它不仅有助于解决污染事件，而且在一定程度上减缓了生产活动对环境和生态的破坏。然而，随着工业化的不断推进，污染物的数量急剧上升，末端治理技术的局限性也开始显现。在实施末端治理的过程中，人们吸取了深刻的教训，并形成广泛共识：①对制造业及其产品对环境的潜在危害有了更深入的认识；②明确了改善现状的方向和目标，即通过实施绿色制造战略来减少或消除工业生产对环境的污染。只有在产品的设计和生产阶段就避免或减少使用有毒有害的原材料，并且在高效利用这些原材料的同时减少能源消耗，创造一个清洁的生产环境，并提高废料、半成品和成品的再循环利用率，才能最终实现绿色制造的目标。

绿色制造又称为环境意识制造或面向环境的制造，它是一个综合考虑环境影响和资源效率的现代化制造模式，其目标是使产品从设计、制造、包装、运输、使用到报废处理的整个生命周期，对环境的影响（副作用）最小，资源效率最高。绿色制造的内容包括三部分，即用绿色材料、绿色能源，经过绿色的生产过程（包括绿色设计、绿色工艺技术、绿色生产设备、绿色包装、绿色管理等），生产出绿色产品。绿色制造具有以下特点：

1. 系统性

与传统的制造系统相比，绿色制造除应保证一般的制造系统功能外，还要求资源和能源利用率最高，废弃物最少，并且尽量减少或消除环境污染。

2. 突出预防性

绿色制造是对产品和生产过程进行综合预防环境污染，强调预防为主，通过减少污染物来源和保证环境安全的回收利用，使废弃物最小化或消失在生产过程中。

3. 保持适合性

绿色制造必须结合企业产品的特点和工艺要求，使绿色制造目标既符合企业经营发展的要求，又不损害生态环境并保持自然资源的潜力。

4. 符合经济性

通过绿色制造既可节省原材料和降低能源的消耗，减少废弃物的处理费用，降低生产成本，又能增强市场竞争力。

5. 有效性和动态性

绿色制造从末端治理转向对产品及生产过程的连续控制，使污染物最小化或消失在生产过程中，综合运用再生资源、能源、物料的循环利用技术，有效减少对环境的污染。

（二）绿色制造技术的内容

1. 绿色制造技术的种类

绿色制造是未来加工技术发展的一个重要趋势。在物料转换的具体过程中，必须全面考虑资源消耗和环境影响。针对制造系统的具体状况，对制造工艺和方法进行优化选择和设计规划，优先选择物料和能源消耗低、废弃物产生少、对环境污染小的工艺方案和技术路径。这样的做法可以减少制造过程中资源的消耗，减轻对环境的负担。绿色制造的核心目标是在合理利用资源的同时，减少对环境的污染。基于这两个目标，绿色制造技术可以分为三种类型：节约资源的技术、节省能源的技术和环保型技术。

（1）节约资源的技术。节约资源的技术是指在生产过程中简化工艺系统组成、节省原材料消耗的工艺技术。它的实现可以从设计和工艺两方面着手：在设计方面，通过减少零件数量、减轻零件重量、采用优化设计等方法使原材料的利用率达到最高；在工艺方面，可以通过优化毛坯制造技术、优化下料技术、少/无切屑加工技术、干式加工技术、新型特种加工技术等方法来减少材料消耗。

（2）节省能源的技术。节省能源的技术是指在生产过程中降低能量损耗的工艺技术，可以采取以下措施：①提高设备的传动效率，减少摩擦与磨损。例如，采用电主轴，消除主传动链传动造成的能量损失；采用滚珠丝杠、滚动导轨代替普通丝杠、滑动导轨，减小运动造成的摩擦损失。②合理安排加工工艺，选择加工设备，优化切削用量，使设备处于满负荷、高效率运行状态。如粗加工时采用大功率设备，精加工时采用小功率设备。③改进产品和工艺过程设计，采用先进成形方法，减少制造过程中的能量消耗。例如，零件设计尽量减少加工表面；采用净成形（无屑加工）制造技术，以减少机械加工量；采用高速切削技术，实现以车代磨等。④采用适度自动化技术。不适度的全盘自动化，会使机器设备结构复杂，运动增加，消耗过多的能量。

（3）环保型技术。环保型技术是指通过一定的工艺技术，使生产过程中产生的废液、废气、废渣、噪声等对环境和操作者有影响或危害的物质尽可能减少或完全消除。目前最有效的方法是在工艺设计阶段全面考虑，积极预防污染的产生，同时增加末端治理技术。

2. 机械加工中用到的绿色制造技术

在机械加工领域，绿色制造技术主要是在切削和磨削过程中的干式加工方法。传统的切削和磨削工艺中，切削液是必不可少的，它在确保加工精度、提升加工表面质量以及增加生产效率方面发挥着关键作用。然而，随着环保意识的提升和环保法规的日益严格，切削液对环境的潜在负面影响受到广泛关注。为了解决这一问题，人们正在探索减少甚至不使用切削液的加工方法。干式加工技术能够有效平衡当前的生态环境、技术需求和经济发展的关系，促进其协调发展。

干式切削加工有两种方法：完全干式切削加工和准干式切削加工。完全干式切削加工是指在加工过程中不加任何切削液的加工方法，它对刀具材料、机床结构、刀具装夹方式等均有较高的要求，目前应用范围还比较有限。介于完全干式切削与湿式切削二者之间的加工技术称为准干式切削加工或最少切削液切削加工。由此可见，当切削过程中所用的切削液数量很少时，即为准干式切削加工。准干式切削加工技术可大幅度减小刀具—切屑及刀具—工件间的摩擦，起到降低切削温度、减小刀具磨损和提高加工表面质量的作用。由于所使用切削液的量很少，但效果明显，既提高了生产效率，又不会造成环境污染，对许多工件材料和加工方法而言，准干式切削加工是经济可行的。

干式磨削由于会使磨削液的功能全部丧失，目前在实际加工中应用得还不多，但如果使用热传导性良好的 CBN 砂轮进行低效率磨削，仍可采用干式磨削加工方式。干式磨削加工中较为有效的一种方法就是强冷风磨削。

3. 再制造技术的绿色制造技术

再制造涉及将报废的产品进行拆解和清洁，然后利用表面工程或其他加工技术对某些零件进行修复和重新加工，以恢复这些零件的原始形状、尺寸和性能，从而实现再次利用。再制造技术是一个涵盖产品整个生命周期的系统工程，其研究重点包括产品的概念定义、再制造策略的制定和环境影响的评估、产品故障分析和寿命预测、回收和拆解技术的开发、再制造设计、质量保证和控制、成本效益分析，以及再制造的综合评估等。

第三节　机械制造自动化控制系统

一、机械制造自动化

（一）机械化和自动化

人在生产中的劳动，包括基本的体力劳动、辅助的体力劳动和脑力劳动各部分。基本的体力劳动是指直接改变生产对象的形态、性能和位置等方面的体力劳动；辅助的体力劳动是指完成基本体力劳动所必须做的其他辅助性工作，如检验、装夹工件、操纵机器的手柄等体力劳动；脑力劳动是指决定加工方法、工作顺序、判断加工是否符合图纸技术要求、选择切削用量以及设计和技术管理工作等。

由机械及其驱动装置来完成人用双手和体力所担任的繁重的基本劳动的过程，称为机械化。例如，自动走刀代替手动走刀，称为走刀机械化；车子运输代替肩挑背扛，称为运输机械化。由人和机器构成的有机集合体就是一个机械化生产的人机系统。

人的基本劳动由机器代替的同时，人对机器的操纵、工件的装卸和检验等辅助劳动也被机器代替，并由自动控制系统或计算机代替人的部分脑力劳动的过程，称为自动化。人的基本劳动实现机械化的同时，辅助劳动也实现了全过程机械化的操纵和监控，这样就形成了加工工艺的自动生产线，这一过程通常称为工艺过程自动化。

一个零部件（或产品）的制造包括若干个工艺过程，如果每个工艺过程不仅都自动化了，而且它们之间是自动地、有机地联系在一起，换言之，从原材料到最终产品的全过程都不需要人工干预，这就形成了制造过程自动化。机械制造自动化的高级阶段就是自动化车间，甚至是自动化工厂。

（二）制造和制造系统

制造是构建所有经济活动的基础，也是推动人类历史发展和文明进步的关键力量。它涉及人类根据市场需求，运用自身的知识和技能，通过手工操作或使用物质工具，采用有效的工艺技术和必要的能源，将原材料转化为最终的物质产品，并把这些产品推向市场的整个过程。制造同样可以被视为制造企业的生产活动，即一个输入输出的系统，其中输入的是生产要素，输出的是具有实用价值的产品。

制造的概念有广义和狭义两种：广义的制造涵盖了从市场分析、经营决策、工程设计、加工装配、质量控制、生产过程管理、销售运输、售后服务，到产品报废处理的整个产品生命周期的相关生产活动，这种系统被称为广义制造系统。狭义的制造特指与生产车间和物流相关的加工和装配过程，这种系统被称作狭义制造系统。在信息化时代，广义制造的概念已经被越来越多的人所接受和认同。

（三）自动化制造系统的组成

典型的自动化制造系统具有以下五个组成部分。

1. 有一定技术水平和决策能力的人

现代自动化制造系统是充分发挥人的作用、人机一体化的柔性自动化制造系统，因此，系统的良好运行离不开人的参与。对于自动化程度较高的制造系统，如柔性制造系统，人的作用主要体现在对物料的准备与对信息流的监视和控制上，还体现在要更多地参与物流过程。总之，自动化制造系统对人的要求不是降低了，而是提高了，它需要具有一定技术水平和决策能力的人参与。目前流行的小组化工作方式不仅要求"全能"的操作者，还要求他们之间有良好的合作精神。

2. 在一定范围的被加工对象

现代自动化制造系统能在一定的范围内适应加工对象的变化，变化范围一般是在系统设计时就设定了的。现代自动化制造系统加工对象的划分一般基于成组技术原理。

3. 信息流及其控制系统

自动化制造系统的信息流控制着物流过程，也控制产品的制造质量。系统的自动化程度、柔性程度以及与其他系统的集成程度都与信息流控制系统密切相关，应特别注意提高其控制水平。

4. 能量流及其控制系统

能量流为物流过程提供能量，以维持系统的运行。在供给系统的能量中，一部分能量用于维持系统的运转并完成有用的功；而另一部分能量则因摩擦和传输过程中的损耗等方式被消耗，并对系统造成不利影响。在设计制造系统时，特别需要关注能量流动系统的设计，目的是更有效地利用能源。

5. 物料流及物料处理系统

物料流及物料处理系统是自动化制造系统的主要运作形式，该系统在人的帮助下或自动地将原材料转化成最终产品。一般来讲，物料流及物料处理系统包括各种自动化或非自动化的物料储运设备、工具储运设备、加工设备、检测设备、清洗设备、热处理设备、装配设备、控制装置和其他辅助设备等。各种物流设备的选择、布局及设计是自动化制造系统规划的重要内容。

二、机械制造自动化的方法

产品对象（包括产品的结构、材质、重量、性能、质量等）决定着自动装置和自动化方案的内容；生产纲领的大小影响着自动化方案的完善程度、性能和效果；产品零件决定着自动化的复杂程度；设备投资和人员构成决定着自动化的水平。因此，要根据不同情况，采用不同的加工方法。

（一）单件、小批量生产机械化及自动化的方法

实现单件和小批量生产的自动化具有重要的意义。在单件和小批量生产模式

下，辅助工作时间通常占据较大比例，单纯依靠先进的工艺方法来减少加工时间并不能显著提升生产效率。为了有效提高生产率，必须同时减少加工时间和辅助时间，这需要通过机械化及自动化手段来实现机械加工循环中各个单元动作的自动化，以及循环外的辅助工作的自动化。因此，采用简易自动化技术来实现局部工步或工序的自动化，是达到单件和小批量生产自动化目标的有效手段。

具体方法如下：

第一，采用机械化、自动化装置，来实现零件的装卸、定位、夹紧机械化和自动化。

第二，实现工作地点的小型机械化和自动化，如采用自动滚道、运输机械、电动及气动工具等装置来减少辅助时间，同时也可以降低劳动强度。

第三，改装或设计通用的自动机床，实现操作自动化，来完成零件加工的个别单元的动作或整个加工循环的自动化，以便提高劳动生产率和改善劳动条件。对改装或新设计的通用自动化机床，必须满足使用经济、调整方便省时、改装方便迅速以及自动化装置能保持机床万能性能等基本要求。

（二）中等批量生产的自动化方法

中等批量生产的批量虽然较大，但产品品种并不单一。随着社会对品种更新的需求，要求中等批量生产的自动化系统仍应具备一定的可变性，以适应产品和工艺的变换。从各国发展情况来看，其有以下趋势：

第一，建立可变自动化生产线，在成组技术基础上实现"成批流水作业生产"。应用PLC（可编程逻辑控制器）或计算机控制的数控机床和可控主轴箱、可换刀库的组合机床，建立可变的自动线。在这种可变的自动生产线上，可以加工和装夹几种零件，既保持了自动化生产线的高生产率特点，又扩大了其工艺适应性。

对可变自动化生产线的要求，主要包括：①所加工的同批零件具有结构上的相似性。②设置"随行夹具"，解决同一机床上能装夹不同结构工件的自动化问题。这时，每一夹具的定位、夹紧都是根据工件设计的，而各种夹具在机床上的连接则有相同的统一基面和固定方法。加工时，夹具连同工件一块移动，直到加工完毕，再退回原位。③自动线上各台机床具有相应的自动换刀库，可以使加工中的换刀和调整实现自动化。④对于生产批量大的自动化生产线，要求所设计的高生产率自动化设备对同类型零件具有一定的工艺适应性，以便在产品变更时能够迅速调整。

第二，采用具有一定通用性的标准化的数控设备。对于单个的加工工序，力求设计时采用机床及刀具能迅速重调整的数控机床及加工中心。

第三，设计制造各种可以组合的模块化典型部件，采用可调的组合机床及可调的环形自动线。

针对箱体类零件的平面和孔加工任务，可以设计或选用具备自动换刀功能的数控机床，或者是能够自动更换主轴箱的数控机床，同时配备自动换刀库、自动夹具库和工件库。这类机床能够快速调整加工工序，既能够独立操作，也便于组成自动化生产线。在设计和制造多功能自动化机床时，应安装各种可调节的自动上料和下料装置、机械手，以及存储和传输系统，并逐步引入计算机控制，以实现机床的快速调整和自动化操作，从而尽量减少机床的重调整时间。

（三）大批量生产的自动化方法

目前，实现大批量生产的自动化的条件已经比较成熟，主要有以下途径：

1. 广泛建立适于大批量生产的自动线

自动化生产线具有很高的生产率和良好的技术经济效果。目前，大量生产厂家已普遍采用了组合机床自动线和专用机床自动线。

2. 建立自动化工厂或自动化车间

大批量生产的产品品种单一、结构稳定、产量很大，具有连续流水作业和综合机械化的良好条件。因此，在自动化的基础上按先进的工艺方案建立综合自动化车间和全盘自动化工厂，是大批量生产的发展方向，且目前正向着集成化的机械制造自动化系统的方向发展。整个系统是建立在系统工程学的基础上，应用电子计算机、机器人及综合自动化生产线所建成的大型自动化制造系统，能够实现从原材料投入经过热加工、机械加工、装配、检验到包装的物流自动化，而且也实现了生产的经营管理、技术管理等信息流的自动化和能量流的自动化。因此，常把这种大型的自动化制造系统称为全盘自动化系统。但是全盘自动化系统还需进一步解决许多复杂的工艺问题、管理问题和自动化的技术问题。除了在理论上需要继续加以研究外，还须建立典型的自动化车间、自动化工厂来深入进行实验，从中探索全盘自动化生产和规律，使之不断完善。

3. 建立"可变的短自动线"及"复合加工"单元

采用可调的短自动线——一条包含 2~4 个工序的一小串加工机床建立的自动线，短小灵活，有利于解决大批量生产的自动化生产线应具有一定的可变性的问题。

4. 改装和更新现有老式设备，提高其自动化程度

将大批量生产中的旧式设备改造或升级为专用的、高效率的自动化机器，至少应升级为半自动化机床。改造的方法包括：安装各类机械式、电气式、液压式或气动式的自动循环刀架，例如程序控制刀架、转塔刀架和多刀刀架；安装各种机械化、自动化的工作台，如机械式、气动式、液压式或电动式的自动工作台模块；安装自动送料、自动夹紧、自动换刀、自动检验、自动调节加工参数的装置、自动输送装置和工业机器人等自动化设备，以提升大批量生产中旧设备的自动化水平。通过这种方式，可以有效地提高生产率，并为实现工艺过程的自动化奠定基础。

三、机械制造的自动化系统

（一）机械制造自动化系统的组成

从系统的观点来看，一般的机械制造自动化系统主要由四个部分构成：①加工系统。能完成工件的切削加工、排屑、清洗和测量的自动化设备与装置；②工件支撑系统。能完成工件输送、搬运以及存储功能的工件供给装置；③刀具支撑系统。包括刀具的装配、输送、交换和存储装置以及刀具的预调和管理系统；④控制与管理系统。对制造过程进行监控、检测、协调与管理的系统。

（二）机械制造自动化系统的种类

对机械制造自动化的分类主要包括：①按制造过程划分，分为毛坯制备过程

自动化、热处理过程自动化、储运过程自动化、机械加工过程自动化、装配过程自动化、辅助过程自动化、质量检测过程自动化和系统控制过程自动化。②按设备划分，分为局部动作自动化、单机自动化、刚性自动化、刚性综合自动化系统、柔性制造单元、柔性制造系统。③按控制方式划分，分为机械控制自动化、机电液控制自动化、数字控制自动化、计算机控制自动化、智能控制自动化。④按生产批量划分，分为大批量生产自动化、中等批量生产自动化、单件小批量生产自动化。

（三）机械制造自动化设备的特点和适用范围

不同的自动化类型有着不同的性能特点和不同的应用范围，因此应根据需要选择不同的自动化系统。

1. 刚性半自动化单机的特点和适用范围

除上、下料外，机床可以自动地完成单个工艺过程加工循环，这样的机床称为刚性半自动化单机。如单台组合机床、通用多刀半自动车床、转塔车床等。这种机床采用的是机械或电液复合控制。从复杂程度讲，刚性半自动化单机实现的是加工自动化的最低层次，但其投资少、见效快，适用于产品品种变化范围和生产批量都较大的制造系统。

2. 刚性自动化单机的特点和适用范围

刚性自动化单机是在刚性半自动化单机的基础上增加自动上、下料装置而形成的自动化机床。因此，这种机床实现的也是单个工艺过程的全部加工循环。这种机床往往需要定制或改装，常用于品种变化很小但生产批量特别大的场合。如组合机床、专用机床等。其主要特点是投资少、见效快，但通用性差，是大量生产中最常见的加工设备。

3. 刚性自动化生产线的特点和适用范围

刚性自动化生产线（简称"刚性自动线"）是用工件输送系统将各种刚性自动化加工设备和辅助设备按一定的顺序连接起来，在控制系统的作用下完成单个零件加工的复杂大系统。在刚性自动线上，被加工零件以一定的生产节拍，顺序通过各个工作位置，具有统一的控制系统和严格的生产节奏。与自动化单机相比，它的结构复杂，完成的加工工序多，所以生产率也较高，是少品种、大量生产必不可少的加工设备。除此之外，刚性自动化还具有可以有效缩短生产周期、取消半成品的中间库存、缩短物料流程、减少生产面积、改善劳动条件、便于管理等优点。

刚性自动化生产线的主要缺点是投资大、系统调整周期长、更换产品不方便。为了消除这些缺点，人们发展了组合机床自动线，可以大幅度缩短建线周期，更换产品后只需更换机床的某些部件（如可换主轴箱）即可，大大缩短了系统的调整时间，降低了生产成本，并能收到较好的使用效果和经济效果。组合机床自动线主要用于箱体类零件和其他类型非回转件的钻、扩、铰、镗、珩磨等工序的加工。

4. 刚性综合自动化系统的特点和适用范围

在一般情况下，刚性自动线只能完成单个零件的所有相同工序（如切削加工工序），对于其他自动化制造内容如热处理、锻压、焊接、装配、检验、喷漆甚至包装不可能全部包括在内。包含上述内容的复杂大系统称为刚性综合自动化系统。刚性综合自动化系统常用于产品比较单一但工序内容多、加工批量特别大的零部件的自动化制造。刚性综合自动化系统结构复杂，投资强度大，建线周期长，更换产品困难，但生产效率极高，加工质量稳定，工人劳动强度低。

5. 数控机床的特点和适用范围

数控机床被用于实现零件在一个工序中的自动化循环加工。这种机床通过代码化的数字信号进行控制，根据预先编写好的程序自动操控机床的各个部件，同时还能够控制刀具的选择、更换、测量、润滑和冷却等。数控机床是综合了机床结构、液压、气动、电动、电子技术和计算机技术等多种技术发展的产物，代表了单机自动化方面的显著进步。装备有适应性控制装置的数控机床能够通过各类检测元件来测量加工过程中的各种变化，并将这些信息反馈给控制装置，与预设的数据进行比较，从而使得机床能够及时进行必要的调整，确保机床始终维持在最佳工作状态。数控机床通常适用于零件复杂度较低、精度要求较高、品种多变且批量适中的生产场景。

6. 加工中心的特点和适用范围

加工中心是在一般数控机床的基础上增加刀库和自动换刀装置而形成的类型

复杂但用途更广、效率更高的数控机床。由于其具有刀库和自动换刀装置，可以在一台机床上完成车、铣、钻、铰、攻螺纹、轮廓加工等多个工序。因此，加工中心机床具有工序集中、可以有效缩短调整时间和搬运时间、减少在制品库存、加工质量高等优点。加工中心常用于零件比较复杂，需要多工序加工，且生产批量中等的生产场合。根据所处理的对象不同，加工中心又可分为铣削加工中心和车削加工中心。

7. 柔性制造系统的特点和适用范围

一个柔性制造系统一般由四部分组成：两台以上的数控加工设备、一个自动化的物料及刀具储运系统、若干台辅助设备（如清洗机、测量机、排屑装置、冷却润滑装置等）和一个由多级计算机组成的控制和管理系统。到目前为止，柔性制造系统是最复杂、自动化程度最高的单一性质的制造系统。柔性制造系统内部一般包括两类不同性质的运动，一类是系统的信息流，另一类是系统的物料流，物料流受信息流的控制。

柔性制造系统的主要优点包括：①可以减少机床操作人员；②由于配有质量检测和反馈控制装置，零件的加工质量很高；③工序集中，可以有效减少生产面积；④与立体仓库相配合，可以实现 24 小时连续作业；⑤由于集中作业，可以减少加工时间；⑥易于和管理信息系统、工艺信息系统及质量信息系统结合形成更高级的自动化制造系统。

柔性制造系统的主要缺点包括：①系统投资大，投资回收期长；②系统结构复杂，对操作人员要求较高；③结构复杂使得系统的可靠性较差。在一般情况下，柔性制造系统适用于品种变化不大的中等批量生产。

8. 柔性制造单元的特点和适用范围

柔性制造单元是一种缩微版的柔性制造系统，二者之间的区别并不十分明确。然而，一般而言，柔性制造单元被认为是由计算机数控机床或加工中心构成，单元内配备有托盘交换装置或工业机器人，并由单元计算机负责编程、任务分配、负载平衡和作业计划控制的小型柔性制造系统。与柔性制造系统相比，柔性制造单元的主要优势在于：占地面积小、系统结构相对简单、成本和投资较低、可靠性较高，且使用和维护都比较简便。因此，柔性制造单元成为柔性制造系统的重要发展方向之一，广受企业青睐。在实际应用中，柔性制造单元通常适用于产品品种变化不大、中等批量生产的环境。

9. 计算机集成制造系统的特点和适用范围

计算机集成制造系统是目前最高级别的自动化制造系统，但这并不意味着计算机集成制造系统是完全自动化的制造系统。事实上，目前意义上计算机集成制造系统的自动化程度甚至比柔性制造系统还要低。计算机集成制造系统强调的主要是信息集成，而不是制造过程物流的自动化。计算机集成制造系统的主要缺点是系统十分庞大，包括的内容很多，要在一个企业完全实现难度很大，但可以采取部分集成的方式，逐步实现整个企业的信息及功能集成。

（四）机械制造自动化的辅助设备作用

机械制造自动化加工过程中的辅助工作包括工件的装夹、工件的上下料在加工系统中的运输和存储、工件的在线检验、切屑与切削液的处理等。要实现加工过程自动化，降低辅助工时，以提高生产率，就要采用相应的自动化辅助设备。

所加工产品的品种和生产批量、生产率的要求以及工件结构形式，决定了所采用的自动化加工系统的结构形式、布局、自动化程度，也决定了所采用的辅助设备的形式。

1. 中小批量生产中的辅助设备的作用

在中小批量生产中，所使用的辅助设备需要具备一定的通用性和适应性，以便应对托盘的需求，并解决如何在同一机床上自动装夹不同结构工件的问题。托盘上的夹紧和定位点是根据工件来设定的，而托盘与机床的连接则通过统一的基准面和固定的方式来实现。

工件的上下料可以采用通用设计的机械手来完成，只需更换手部模块，就能适应不同类型的工件。

工件在加工系统中的传输可以通过链式或滚子传送机进行，工件可以连同托盘和支架一起被输送。在柔性制造系统中，自动运输小车是一种常用且灵活的运输设备。通过更换小车上的托盘，可以实现多种工件、刀具和可换主轴箱的运输。对于无轨自动运输小车，只需改变地面铺设的感应线，就能轻松改变小车的传输路径，从而提供高度的柔性。

搬运机器人与传送机组合输送方式也是很常用的。能自动更换手部的机器人，不仅能输送工件、刀具、夹具等各种物体，还可以装卸工件，适用于工件形状和运动功能要求柔性很大的场合。

面向中小批量的柔性制造系统中可以设置中央仓库，存储生产中的毛坯、半成品、刀具、托盘等各种物料，用堆垛起重机系统自动输送存取，可实现无人化加工。

2. 大批量生产中的辅助设备的作用

在大批量生产中所采用的自动化生产线上，夹具有固定式夹具和随行夹具两种类型。固定式夹具与一般机床夹具在原理和设计上是类似的，但用在自动化生产线上还应考虑结构上与输送装置之间不发生干涉，且便于排屑等特殊要求。随行夹具适用于结构形状比较复杂的工件，这时加工系统中应设置随行夹具的自动返回装置。

体积较小、形状简单的工件可以采用料斗式或料仓式上料装置；体积较大形状复杂的工件（如箱体零件）可采用机械手上下料。

在自动化生产线中，工件输送可以采用步伐式输送设备，其主要有摆杆式和抬起式等类型。选择合适的输送方式需考虑工件的结构、材料加工需求等因素。对于不易布置步伐式输送设备的自动化生产线，可以使用搬运机器人来完成输送任务。对于回转体零件，可以通过输送槽式料料道进行输送。工件在自动化生产线之间或不同设备之间的输送可以采用传送机，既可以直接输送工件，也可以连同托盘或托架一同输送。此外，运输小车也适用于大批量生产中的工件输送。对于需要在加工过程中翻转的箱体类工件，应在自动化生产线中或线间配备翻转装置，翻转动作也可以通过上、下料机械手的臂部动作来实现。

为了增加自动化生产线的柔性，平衡生产节拍，工序间可以设置中间仓库。自动输送工件的辊道或滑道，也具有一定的存储工件的功能。在批量生产的自动线中，自动排屑装置实现了将不断产生的切屑从加工区清除的功能。它将切削液从切屑中分离出来以便重复使用，利用切屑运输装置将切屑从机床中运出，确保自动化生产线加工的顺利进行。

第六章 机械制造自动化应用实践研究

第一节 机械自动化及其在机械制造中的应用

随着中国经济的持续增长和信息技术水平的持续提升，机械制造企业在信息技术的推动下，正逐步从传统制造模式转向自动化生产，以促进机械自动化的发展。近年来，信息技术的进步为机械制造行业带来了重大创新，各种新兴技术全面支持机械制造企业的发展，推动了机械制造业向更高水平迈进，并带动机械设计领域进入一个全新的发展阶段。"虽然我国机械自动化技术起步较晚，相对世界上其他的发达国家而言还很落后，但现如今这项技术已经在我国的各个领域得到了应用推广，并且受到了人们的广泛关注。在不知不觉中这一技术逐渐影响着社会的进步发展，俨然成为了生产力的一种全新的表现形式。"①

一、机械自动化的目的

机械自动化技术的核心发展目标是应用合理的技术手段，实现流水线式的机械制造状态，以提升机械制造的效率。机械化、自动化生产对技术和设备的依赖程度较高，因此，自动化技术的发展是必然趋势。机械自动化对人力资源的需求相对较低，这使得企业可以合理利用资源，有效管理生产成本，从而提高经济利润。

此外，机械自动化的发展在我国展现了先进的生产理念，并推动了行业的激烈竞争。总的来说，机械自动化是各行业企业提升综合实力的关键方向。加快自动化技术的研发和应用，将帮助机械制造商抓住发展机遇，实现时代目标，并最终实现可持续发展。

---

① 郭雄. 机械制造自动化技术特点及发展前景展望 [J]. 山东工业技术, 2015 (5): 52.

在真实的机械制造工作流程中，不同的系统可以相互补充，共同构建一个相对完整的机械自动化技术体系。每个系统都是整个机械自动化不可或缺的一部分，必须注重实现同步发展。

为了实现这一目标，机械制造企业应加大对自动化技术的投入，培养专业的技术人才，引进先进的生产设备，并不断优化生产流程。同时，政府也应出台相关政策，鼓励企业进行技术创新，提升整个行业的竞争力。

此外，机械自动化技术的发展还应注重环保和可持续发展。在提高生产效率的同时，要减少能源消耗和环境污染，实现绿色制造。这不仅是企业社会责任的体现，也是推动行业可持续发展的关键。

总之，机械自动化技术是未来机械制造行业的重要发展方向。通过不断优化和创新，机械自动化技术将为企业带来更高的经济效益，推动整个行业的发展。同时，也应关注机械自动化技术对社会和环境的影响，努力实现绿色、可持续的发展目标。

二、机械自动化技术的特征

（一）融合了多种技术

为了满足现代机械制造的需求，必须构建一个由多种技术相互协作的自动化系统。这个系统应包括智能技术、PLC 技术、自适应技术和基础数据技术等。每种技术都在自动化系统中扮演着不可或缺的角色。

在机械制造生产线的运行过程中，智能传感设备负责感知和传递设备的运行强度、运转角度、运行状况等信息，以确保无人化指令控制的准确性和可靠性。CAN 总线技术则提升了自动化系统对数据的收集和整合能力，尤其是在处理大型生产线中不同类型数据的整合时，能够有效避免信息干扰问题。

PLC 技术确保了生产线中各个设备环节的有序作业，能够协调自动化系统各单元之间的信号，避免互相干扰，从而提高自动化控制的效率。自适应技术则增强了自动化控制的核心功能，能够根据实际生产过程中的变化，如设备刚性和连续作业等因素，自动调整控制参数，确保产品精度和生产效率。

由这些技术组成的机械自动化系统，能够在产品生产过程中确保设备的作业效率，并按照预设的程序精确控制生产线的各个环节。机械自动化制造流程通常包括以下步骤：

第一，启动生产线，各设备按照预设程序开始作业。

第二，传感器采集各环节设备的运行信息，并按照设定的时间间隔将信息传输至中控计算机。

第三，计算机接收并识别信息内容，通过传感器传输的信息来判断是否存在异常情况或故障。

第四，计算机核准并执行操作命令，若检测到故障，则下达指令中断电源，以确保生产安全和产品质量。

通过这种综合应用多种技术的自动化系统，机械制造企业能够显著提高生产效率，降低成本，同时保证产品质量的稳定性和一致性。这样的系统不仅提升了企业的市场竞争力，也为实现智能制造和工业 4.0 奠定了坚实的基础。

（二）通过 3D 智能实现机械自动设计

3D 技术在自动化系统中不仅能够全方位展示生产线的运行过程，深入剖析并可视化呈现各个环节设备的运行状态，还能够将产品生产进度与自身状态以可视化的形式呈现出来；可以利用三维展示能力，辅助设计人员完成产品设计。应用 3D 技术手段可以提升产品设计美观度，通过 3D 模拟设计及时发现产品生产制造过程中可能存在的问题，全面排查产品生产流程，不断提升产品品质。3D 技术可以根据需求调节产品颜色与荷载能力，分析不同机械产品的性能需求，进一步提升产品实用性。

（三）自我诊断功能

机械设计和制造自动化的使用有助于确保机械的稳定性。如果完全依靠维修人员进行维修，那么机械或设备出现故障将使其无法被使用，只能停机，直接影响工作效率。自动化和智能化技术的应用可以解决这个问题，让机械设备进行自检，及时发现机械设备存在的问题并有效解决。

三、机械自动化在机械制造中的应用

（一）基于机械自动化的综合生产模式的应用

机械自动化系统是多种技术融合的集成系统，数据建模能够协调各种技术，将不同的生产环节联系起来，通过交换各环节信息，保证各环节之间相对独立运行，如果某一环节发生故障，其他环节能够启动应急机制，单独运行或紧急制停，避免故障扩大。在机械制造过程中，应根据企业产品生产需求或制作生产线特征来优化设计，根据实际生产进度要求设定系统中的单位运行周期与运行阶段时间节点。可利用机械自动化综合生产模式对生产过程中的数据进行重点细化，对产品进行二次开发，促使自动化系统各操作环节与实际生产制造环节一一对应，保证机械制造产品质量。

（二）基于机械自动化的数控机制的应用

数控机制是基于数字控制技术的机械自动化系统功能，在机械制造和产品生产中发挥着至关重要的作用。数控机制包括数控中心、计算机设备、生产加工技术等组成部分，能够实现产品的机械化和自动化生产，从而显著提高机械制造的生产效率。

在数控机制的运行过程中，一旦发现生产线某一环节出现严重的故障问题，系统可以根据发出的指令迅速启动急停控制。这种控制方式不仅能够使生产设备立即停止运转，还能够对机械设备进行精准控制，确保生产设备的安全，并降低设备在紧急制停过程中的损坏率。

在机械自动化系统的应用中，信息技术和数据技术发挥着关键作用。这些技术能够对生产过程中的数据进行深入分析、管理和审核。通过分析数据动态变化，系统可以准确判断设备的运行状态，并在设定范围内调整相关参数，发出状态调整指令，从而实现动态控制。这种柔性控制机制极大地提升了机械制造生产线的灵活性，使得生产线能够快速适应不同的生产需求和生产环境的变化。通过实时数据分析和参数调整，机械制造企业能够更好地掌握生产过程，提高产品质量，优化生产效率。

（三）基于自动化的柔性技术的应用

柔性技术在现代工业应用中的作用主要是使独特的使用条件适应不同的外部环境变化。事实上，无论哪个行业或企业进入市场竞争过程，都必须随着市场需求的变化，不断调整自身的产业发展战略和方式，制定应对策略。这同样适用于工业生产领域，通过快速制造，改变制造方式完成生产需求。此外，由于其市场适应性强，可有效提高各种产品的量产效率和产品生产工艺质量，能够以高可靠性为各种生产任务保驾护航。

四、机械制造中机械自动化的基本应用前景

（一）实际使用的应用前景

机械制造业的发展离不开实用性。这也是产业发展的基本需求。机械制造商本身也构建适应生产效率和质量的开发环境，其目的是提高基础企业的经济利益。从客观来看，我国机械制造业已经开始了融合数字化、自动化等相关技术，并在多种技术支持下的创新局面。但整体的资金和技术投入有限，自动化机械制造业务实际上并未形成相对成熟的体系，仍有提升空间。企业要想与时俱进，实现更快的发展速度，就要积极引进专业化技术和设备，最终实现自动化行业与机械行业的融合，实现行业的精细化。

（二）数字化发展的应用前景

互联网信息技术是支撑信息社会进一步发展的主流技术之一，因此数字信息技术的融合是牺牲机械设计和制造来提升技术的重要选择。机械制造数字化升级是机械制造与互联网技术相结合，实现机械制造的数字化管理。关联公司可以通过信息技术收集与机械制造相关的各种信息数据。经过数字化处理后，可以为机械设计、机械制造、机械产品销售、相关产品的售后提供重要的信息支持，以方便机械制造。

（三）智能化发展的应用前景

当前，机械制造业正聚焦于智能化的发展趋势。展望未来，机械制造企业将

引进新型机械设备，招募专业技术人才，并积极学习先进技术。特别是计算机技术与人工智能技术的深度融合，将有力推动机械制造业的持续发展。随着机械制造设备的不断升级和应用的拓展，其高效率、低风险的特点日益凸显，能够有效优化资源配置、减少劳动力成本。智能机械设备的广泛应用，不仅极大地保障了操作人员的安全，还显著提升了企业的经济效益。

　　未来，智能化发展将成为机械制造和机械自动化领域的发展方向，展现出广阔的发展前景。基于自动化技术，设计和构建全面的生产模式和智能系统，将推动机械制造业实现智能化发展。机械自动化技术的应用，是加速机械制造业发展的重要手段。机械制造的生产过程复杂，涉及众多生产设备。自动化技术的深入应用，实现了机械制造设备的数控化，并使得生产线能够进行自我诊断和及时检测异常，极大地提升了生产效率和产品质量。

　　在此基础上，机械制造业的智能化还将包括大数据分析、云计算、物联网等技术的综合运用，以实现更加灵活、高效、个性化的生产模式。例如，通过大数据分析，企业可以实时监控生产数据，预测设备维护需求，优化生产流程；云计算则提供了强大的数据处理能力，支持机械制造企业实现资源的弹性扩展和服务的按需获取；物联网技术的应用，则使得设备和产品能够实现智能互联，为智能制造创造条件。

　　总之，智能化发展将为机械制造业带来深刻的变革，推动产业升级，提高企业竞争力，并为实现可持续发展目标提供强大支持。随着技术的不断进步和创新，机械制造业的智能化未来将更加光明。

第二节　电气自动化技术在机械制造中的应用

　　随着科学技术水平的不断提升，电气自动化技术不断革新，并在机械制造行业中得到了广泛应用。电气自动化技术的应用能够有效缩短生产周期，提高生产效率，从而在单位时间内增加产量。此外，该技术还能显著提升机械加工制造的精度，确保产品质量的大幅提升。计算机技术的成熟为电气自动化技术的发展提供了强有力的支持。通过计算机编程，自动化系统得以优化和升级，使得机械制造加工的速度持续提升。

一、电气自动化技术在机械制造中的应用

电气自动化技术在机械制造行业的应用已经成为推动该行业发展的重要动力。随着计算机编程技术的广泛应用，机械制造过程中的许多传统操作已经被自动化设备所取代。这些自动化设备通过精确的编程，能够完成以往需要高技能工人手工完成的精密操作，从而显著提高了生产效率和产品的一致性。编程技术的应用使得机械加工过程更加精确和可控。自动化设备可以根据预设的程序自动执行复杂的加工任务，不仅提高了生产速度，还确保了产品的质量和可靠性。这种转变减少了对人工操作的依赖，降低了人为错误的可能性，同时也减轻了工人的劳动强度。电气自动化技术的进步还带来了生产灵活性的提升。在面对市场变化和个性化需求时，企业可以快速调整自动化设备的编程，以适应新产品的生产。这种快速响应市场的能力，使得企业能够抓住更多的商业机会，提高市场竞争力。

（一）推动机械制造行业发展

机械制造行业作为国民经济的重要支柱，其发展水平直接影响国家的综合竞争力。随着科技的不断进步，电气自动化技术在机械制造领域的应用日益广泛，成为推动该行业健康发展的关键因素之一。

1. 电气自动化技术的核心在于利用先进的电气控制系统和信息技术

实现机械设备和生产流程的自动控制和优化管理。这种技术的最大特点在于其简单性和快捷性，它能够显著提高生产效率，减少人力成本，降低生产过程中的错误率，从而推动机械制造行业的发展。

2. 电气自动化技术的应用已经成为实现各项处理工作自动化的重要手段

通过引入先进的传感器、执行器、控制器等电气设备，结合物联网、大数据、云计算等信息技术，机械制造企业可以实现生产过程的实时监控、智能决策和远程控制，从而提高生产的灵活性和响应速度。

3. 电气自动化技术的应用强调实用性

这意味着在推广该技术时，需要根据机械制造企业的实际生产情况和市场需

求，选择合适的自动化方案和设备。例如，对于大规模、重复性高的生产线，可以采用自动化程度较高的生产线和机器人技术，以实现高效、稳定的生产；而对于小批量、多品种的生产需求，则可以采用更加灵活的模块化自动化设备，以适应多变的生产任务。机械制造企业的供应链通常较长，涉及的配套产业众多。通过应用电气自动化技术，不仅可以加快机械制造企业的数字化与智能化转型，还能带动相关配套产业的发展。例如，自动化技术的应用可以提高零部件加工的精度和效率，从而提升整个供应链的协同效应和响应速度。

4. 电气自动化技术可以促进产业链的专业升级

通过引入先进的设计和制造技术，提高机械设备的性能和质量，满足市场对高端装备的需求。在提高生产效率的同时，电气自动化技术还有助于转变传统机械制造效率偏低的问题。通过优化生产流程，将各个生产环节紧密结合起来，可以实现生产过程的无缝对接和高效运转。这不仅可以减少生产中的等待时间和浪费，还可以提高产品质量，降低生产成本，从而提升企业的经济效益。

（二）达成节能降耗生产目的

随着全球工业化进程的加速，机械设备在各行各业的广泛应用带来了巨大的能源消耗问题。能源的过度消耗不仅加大了对自然资源的压力，也对环境造成了严重的影响。因此，如何实现机械设备的节能化生产，成为当前机械制造行业面临的一项重要任务。电气自动化技术作为现代工业技术的重要组成部分，为机械设备的节能化生产提供了有效的解决方案。通过合理利用电气自动化技术，不仅可以精简机械设备和生产流程，还能降低能源需求，实现生产过程的节能化。

第一，电气自动化技术可以通过优化机械设备的设计和制造过程，减少能源的消耗。例如，采用高效的电机和变频调速技术，可以根据生产需要调整设备的运行速度，从而减少不必要的能源浪费。同时，通过精确的控制系统，可以确保机械设备在最佳状态下运行，提高能源利用效率。

第二，电气自动化技术可以改进生产流程，实现生产过程的精细化管理。通过引入自动化生产线和机器人技术，可以减少人工操作的环节，降低因操作不当导致的能源浪费。此外，通过实时监控和数据分析，可以及时发现生产过程中的能源浪费问题，并采取相应的措施进行优化。在实际操作中，机械制造企业需要根据实际情况选择恰当且合适的生产工艺。这要求企业对自身的生产过程有深入的了解，并能够根据产品特点和市场需求，制订出合理的生产计划和工艺流程。例如，对于高能耗的生产环节，可以通过引入节能设备和技术，或者优化生产参数和操作流程，来减少能源消耗。

第三，企业需要注重生产过程中的资源循环利用和废弃物处理。通过采用先进的废弃物回收和处理技术，不仅可以减少环境污染，还可以将一部分废弃物转化为可再利用的资源，从而降低整体的能源需求。

第四，企业应该加强员工的节能意识培训，提高员工对节能重要性的认识。通过建立一套完善的节能管理制度，鼓励员工在日常工作中积极采取节能措施，如合理使用设备、及时关闭不用的电源等，这些都是降低能源消耗的有效手段。

二、电气自动化在机械制造中的影响因素

通过研究可以发现，现代电气自动化技术的安全性受到多种因素的影响，主要包括软件因素、人为因素和硬件因素。软件因素涉及系统设计、编程语言、数据安全等方面；人为因素包括操作失误、安全管理不足、安全意识不强等；硬件因素则包括设备老化、故障、环境适应性等。针对这些影响因素，在具体工作过程中，必须进行细致的排查工作，明确存在的问题，并制定针对性的处理措施，以提升电气自动化系统的安全性和稳定性。

（一）软件因素

在现代工业生产中，电气自动化系统的应用日益广泛，在这些系统中，软件控制的作用尤为关键，它不仅负责协调和监控硬件设备的操作，还负责处理生产过程中产生的大量数据，并作出相应的决策。

第一，软件的规范性和可靠性是确保电气自动化系统稳定运行的基石。规范性的软件设计意味着程序代码结构清晰、逻辑严谨，易于理解和维护。这有助于减少编程错误，确保系统按照预定的方式稳定运行。可靠性则指软件在面对各种输入和环境变化时，仍能保持预期的功能表现，不出现崩溃或错误。

第二，如果软件设计不当或存在缺陷，可能导致系统无法正确响应异常情况。例如，传感器数据的误读可能不会被及时发现和纠正，或者在设备出现故障

时，控制程序无法执行正确的停机或报警程序。这些问题不仅会导致生产效率下降，还可能引发安全事故，造成人员伤害或设备损坏。

第三，为了确保软件设计规范和功能完善，电气自动化系统的研发团队需要采用严格的软件开发流程。这包括需求分析、系统设计、编码实现、测试验证和维护升级等阶段。在需求分析阶段，应充分理解生产过程的特点和需求，明确软件需要实现的功能。在系统设计阶段，应采用模块化和层次化的设计方法，确保系统的可扩展性和可维护性。编码实现阶段需要遵循编程规范，进行代码审查和单元测试。测试验证阶段则要通过模拟和实际运行测试，确保软件在各种情况下都能稳定运行。在维护升级阶段，应根据用户反馈和系统运行数据，不断优化软件性能，修复已知问题。

（二）人为因素

电气自动化技术的应用在提高生产效率和质量方面发挥着重要作用，但同时也带来了新的安全挑战。安全性是电气自动化系统设计、运行和维护中必须重点考虑的因素，尤其是在人为因素方面。随着技术的进步，现代电气自动化系统变得更加复杂和高效，这对操作和维护人员的专业技能提出了更高的要求。

第一，操作人员需要具备足够的专业知识和技能，才能正确地操作电气自动化系统。这不仅包括对系统硬件的熟悉，还包括对软件控制逻辑的理解。操作人员应能够熟练地监控系统状态，及时识别和处理异常情况。此外，操作人员还应了解基本的故障诊断和排除方法，以便在出现问题时能够迅速采取行动，减少生产中断和潜在的安全风险。

第二，除了操作人员的专业技能外，维护人员在确保系统安全性方面也扮演着关键角色。维护人员负责定期检查和维护系统，确保所有组件都处于良好状态，包括对硬件设备的清洁、润滑和更换，以及对软件系统的更新和升级。维护人员还应具备对系统进行定期安全评估的能力，以便发现潜在的安全隐患，并采取措施加以解决。

第三，检修管理制度的严格执行对于保障电气自动化系统的安全性同样至关重要。企业应建立一套完善的检修规程，包括定期检查的时间表、维护工作的流程和标准，以及应急响应的预案。这些制度应根据具体的生产环境和设备特性来制定，并定期进行审查和更新，以适应技术发展和生产需求的变化。

第四，企业应提供持续的培训和教育，以确保所有技术人员都能够跟上技术发展的步伐。这包括定期的技能培训、安全意识教育和最佳实践分享。通过这些培训活动，技术人员不仅能够提升自身的专业水平，还能够增强对安全重要性的认识。

（三）硬件因素

在电气自动化技术的应用过程中，硬件设备的质量与性能是确保整个系统稳定运行的关键因素。硬件设备包括但不限于电机、传感器、执行器、控制器等，它们共同构成电气自动化系统的物理基础。这些设备的质量和性能直接决定了系统能否高效、准确地完成既定任务，同时也影响着系统的长期稳定性和安全性。

第一，在采购硬件设备时，需要对供应商进行严格的筛选，选择信誉良好、产品质量可靠的供应商。同时，应对采购的设备进行详细的质量检验，包括但不限于材料成分、制造工艺、性能参数等方面。这些检验工作应依据国家或行业的相关标准和规定来进行，确保所购设备能够满足生产的实际需求。

第二，电气控制系统的安装质量同样不容忽视。一个高质量的电气控制系统不仅需要优质的硬件设备，还需要精确的安装和调试。如果安装不当，可能导致电路连接错误、信号干扰、设备过载等问题，这些都可能引发安全事故。因此，安装工作应由经过专业培训的技术人员来执行，他们应具备相应的电气知识和实践经验，能够根据设计图纸和安装规范正确安装设备。

第三，为了确保技术人员具备必要的技术能力，企业应加强对他们的培训和考核。培训内容应包括电气原理、设备操作、故障诊断、安全规范等方面，以提高技术人员的专业水平。考核则应定期进行，以确保技术人员不断更新知识，跟上技术发展的步伐。此外，企业还可以鼓励技术人员参加专业认证和技能竞赛，以激发他们的学习热情和创新能力。

三、电气自动化在机械制造中的应用策略

在机械制造领域，电气自动化技术的应用已经成为提升生产效率和增强企业市场竞争力的重要手段。为了确保技术应用的有效性和适应性，企业在实施电气

自动化时必须考虑自身的实际情况，并制定相应的技术应用方案。电气自动化技术在机械制造过程中的应用需要综合考虑多方面因素。这些因素包括但不限于企业的生产规模、技术水平、资金投入、人员培训等。只有在充分了解这些因素的基础上，企业才能制定出既切实可行又高效的技术应用方案。为了充分发挥电气自动化技术的作用，企业应从以下方面着手。

（一）实现多学科耦合与集成化设计

在当今快速发展的机械制造行业中，产品的复杂性和功能的多样性对设计和制造过程提出了新的挑战。传统的单一学科知识和技能已经难以满足现代机械产品的设计和制造需求。因此，多学科耦合与集成化设计成为行业发展的必然趋势，它是提升产品性能、降低人力依赖、提高生产效率和市场竞争力的关键。多学科耦合与集成化设计的核心在于将机械工程、电气工程、通信技术和系统控制等多个学科的知识和技能有机地结合起来。通过精确的程序设计和工作流程规划，利用计算机网络技术，可以实现对生产过程的高效控制。这种控制方式使得生产过程更加透明，易于监控和管理，从而提高生产的灵活性和响应速度。

第一，在集成化设计中，产品仿真技术的应用是提升设计质量和效率的重要手段。通过建立精确的数学模型和使用高性能的计算工具，可以在产品设计阶段预测产品在实际使用中的性能和行为。这种方法可以大大减少物理原型的制作和测试，缩短产品的研发周期，降低研发成本。

第二，智能化技术是机械自动化的另一个重要发展方向。智能化技术集成了人工智能、自动化技术和机械制造技术等先进科技。这种集成不仅提高了机械产品的自适应能力和智能化水平，还使得生产过程更加自动化和智能化。传统的人工操作方式在机械制造中存在效率低、精度低、产品质量不一致以及人力成本高等问题。而数控技术和自动化技术的应用，使得产品制造的精度和准确度得到严格控制，生产效率得到提升，同时有效控制了生产过程中的人员数量，减少了人为不确定因素。

第三，机械自动化的智能化发展还使得人类的智慧得以在机械生产的各个环节得到广泛应用。例如，系统可以自动进行数据程序编制，进行仿真人试验模拟，以及利用机器人代替人工完成复杂、危险和烦琐的工作。这样的操作不仅提高了完成效率和投入产出比，还有效节省了时间、降低了人工成本、缩短了工作周期。这对于企业来说，意味着能够更快地响应市场变化，更灵活地调整生产策略，更有效地控制成本，从而在激烈的市场竞争中占据有利地位。

（二）实现模块化与网络化的良好融合

在机械设计制造领域，模块化和网络化的融合是一种创新发展模式，它能够显著提高资源的统筹利用效率和任务分配的合理性。通过这种模式，机械设计制造及其自动化水平可以实现全面提升。

第一，模块化设计允许产品被分解为独立的、可互换的模块，每个模块都可以独立设计和优化。这种设计方法不仅提高了设计的灵活性，还使得产品更容易维护和升级。在实际应用中，系统能够根据设计团队的技能水平和产品的功能要求，自动进行任务的拆解和分配，从而提高整个产品设计过程的效率和质量。网络化则是指通过信息技术手段，实现设计过程中的信息共享和资源互通。这种模式下，不同小组之间可以及时交流信息，共享设计数据和资源，从而确保设计的一致性和协同性。网络化还使得远程协作成为可能，设计团队可以跨越地理界限，共同参与到产品的设计和开发中。

第二，模块化和网络化的结合，不仅使得单个模块的功能在结构设计上实现联通，还促进了各小组之间的信息共享和资源互通。这种即时的信息传递和资源分配机制，大大提高了产品设计工作的效率和科学性，对于提升机械设计及自动化水平具有显著的推动作用。

（三）实现电子化图纸的运用

在机械制造技术中，图纸作为产品设计和制造的基础，承载着所有关键数据和信息。因此，设计图纸的完整性、精确性和科学性对于后续的产品设计和制造工作至关重要。然而，在传统的工作模式中，纸质图纸的使用存在诸多不便，如易受损坏、丢失以及字迹模糊等问题，对生产工作造成不利影响。随着互联网和智能技术的快速发展，纸质图纸逐渐被电子化图纸所取代。电子图纸的使用不仅避免了纸质图纸的常见问题，还提供了更多的便利和优势。电子图纸易于携带和传递，使用起来更加方便快捷。在需要对设计进行修改或方案改进时，电子图纸能够提供更加高效的处理方式。此外，电子图纸支持细节的放大查看，便于对设计细节进行深入研究和分析。

电子图纸的使用还意味着节省物理空间，并且在使用和管理上更加科学和全面。在确保信息安全和平台稳定性的前提下，电子图纸可以随时随地被访问和研究，这为设计团队提供了极大的灵活性和便利性，是纸质图纸所无法比拟的。

（四）合理应用 PLC 技术

1. 进行顺序控制

在电气工程项目中，PLC[①] 技术作为一种顺序控制装置，被广泛应用于机械制造企业的自动化控制。PLC 技术能够有效地对相关设备进行自动控制，确保自动检查装置按照预定的顺序和要求运行，从而保障了设备运行的稳定性和效率。在实际应用中，通过 PLC 技术的精确操控，可以维持自动检查装置的特定运行级别和效果，确保顺序检查的完整性，从而彰显自动控制技术的重要性和作用。

企业在追求实际发展的过程中，应充分发挥 PLC 技术在顺序控制方面的优势。通过全面应用 PLC 技术，不仅可以保证生产系统的充分运行，还能显著提高机械制造的自动化控制水平。这不仅能够提升生产效率，降低人力成本，还能减少因人为操作不当导致的设备故障和生产事故，从而提高整体的生产质量和安全性。

2. 实现远程控制

远程控制功能是 PLC 技术领域中的一项关键功能，它使得电气工程的自动控制程度得到显著提升，进而增强了整个项目的智能化水平。通过远程控制技术，技术人员可以在不同地点对电气工程项目中的设备进行调控，实现了对生产过程的实时监控和管理。合理应用 PLC 技术的远程控制功能，可以帮助技术人员实现对设备的精确控制和远程调控。这种控制方式不仅提高了操作的便捷性和灵活性，而且有效减少了对现场人力资源的需求和依赖。通过减少人员直接参与操作，可以降低因人为因素导致的设备故障和生产事故的风险，从而提高系统的

---

① PLC 为 Programmable Logic Controller 缩写，译为：可编程逻辑控制器。

稳定性和安全性。

此外，远程控制技术的应用还能全面降低人工成本，因为它减少了对专业技术人员现场操作的需求。同时，通过远程监控和数据分析，可以及时发现并解决潜在问题，进一步提升对整个项目和系统的监控功能，确保生产过程的连续性和可靠性。

（五）做好电气设备硬件安装管理

1. 弹线定位

在电气设备安装过程中，弹线定位是一个关键步骤，它确保了电气线路的准确性和合理性。弹线定位主要依据设备的功能、尺寸和实际应用需求，在电气图纸上明确标示出设备的安装线路位置。这一过程需要综合考虑图纸信息和现场实际情况，以确定电气设备的最佳安装位置。进行弹线操作时，应遵循"先干线后支线"的原则。这意味着首先需要确定主要供电线路（干线）的位置，然后再根据这些主线路来布置分支线路（支线）。按照这一顺序，沿着各线路的中心线进行弹线，可以确保电气线路的布局合理，便于后续的安装和维护。

此外，弹线定位还需要考虑到安全距离和维护空间，确保在紧急情况下可以快速、安全地进行操作。同时，应遵循相关的电气安装标准和规范，确保所有的线路布局都符合安全要求。

2. 安装金属膨胀螺栓

完成弹线定位后，接下来的步骤通常是在墙壁上安装金属膨胀螺栓，以固定电气设备。这一步骤需要严格按照安装标准和规范进行，同时考虑到设备螺栓的具体位置和弹线定位的结果。在具体安装金属膨胀螺栓的过程中，应注意以下方面：

（1）安装标准。遵循相关的安装规范和安全标准，确保螺栓的安装满足行业要求，以保障电气设备安装的安全性和可靠性。

（2）螺栓位置。根据设备的螺栓布局和弹线定位的结果，精确标记出金属膨胀螺栓的安装位置。确保所有螺栓的位置都能够与设备的安装孔对齐，以便设备能够稳固地固定在墙上。

（3）弹线位置。参考弹线定位的结果，确保螺栓安装的位置与预定的线路走向一致，避免在安装过程中出现偏差，导致线路布局不合理或设备安装不稳固。

（4）仔细安装。在安装金属膨胀螺栓时，应小心谨慎，确保螺栓垂直于墙面且牢固地嵌入墙体。使用适当的工具和方法，避免对螺栓或墙体造成损坏。

（5）检查与测试。安装完成后，应进行仔细检查，确保所有螺栓都已正确安装，并且能够承受设备的重量和运行时可能产生的振动。必要时，进行拉力测试以验证螺栓的固定效果。

3. 安装支架

在安装设备支架的过程中，确保其稳定性是至关重要的。支架的松动不仅会导致安全隐患，还可能影响整个工程的质量。因此，安装支架时必须采取适当的措施来预防任何可能导致不稳定的因素。在进行支架安装操作时，应特别关注支架的倾斜问题。如果安装环境存在一定的坡度，那么所安装的支架也应相应调整角度，以匹配现有的坡度。这样做可以确保支架与地面或基础之间的接触面积最大化，从而提高支架的稳定性和牢固度。

此外，还应确保支架的安装符合设计规范和工程要求。在安装前，应对支架进行全面的检查，包括检查其尺寸、强度和结构完整性。安装过程中，应使用适当的工具和紧固件，按照正确的程序进行操作，确保支架的水平度和垂直度符合标准。安装完成后，应对支架进行彻底的检查和测试，以验证其稳定性和承重能力。如果发现问题，应立即进行调整或重新安装，以确保支架的安全性和可靠性。

四、电气自动化在机械制造中的优化措施

（一）提高电气自动化设备的灵敏度

计算机编程在机械制造中是实现电气自动化的关键技术之一。为了最大化生产效率和产品质量，企业需要在生产过程中广泛采用电气自动化技术。随着技术的不断进步，程序编写的优化成为提升自动化水平的重要环节。技术人员需不断提高编程语言的精确性和适应性，为机械制造的各个流程定制专用程序，以确保生产过程的精确控制和高效运行。

第一，建立专用的局域网系统对于机械制造企业同样至关重要。局域网系统能够实现设备间的数据快速传输和资源共享，有助于生产过程中的实时监控和调度。通过局域网络，企业可以更有效地管理生产流程，确保生产规范化，提高生产效率和产品质量。

第二，在实施电气自动化技术时，企业还应关注系统的安全性和可靠性。这意味着在设计和编程过程中，需要考虑到潜在的安全风险，并采取相应的预防措施。同时，应定期对自动化系统进行维护和升级，以适应生产需求的变化和技术的进步。

(二) 引进电气自动化设备以及相关的技术人才

电气自动化是一个高度专业化的领域，它要求从业人员不仅要有扎实的电力和电气学科知识基础，还要能够熟练地运用最新的电气自动化技术，以确保各种设备和系统能够在最佳状态下稳定运行。

第一，企业要想在激烈的市场竞争中保持优势，就必须重视人才的培养和引进。企业应当积极吸纳在电气自动化领域有深厚专业知识和实践经验的高端技术人才。这些人才能够凭借他们的专业知识和技能，为企业带来创新的解决方案，提高生产效率，降低运营成本，从而增强企业的核心竞争力。

第二，除了吸纳人才外，企业还应重视对现有技术人才的培训和发展。通过定期组织专业培训课程，企业可以帮助技术人员不断提升自己的专业技能，包括深入了解机械制造的工艺流程、熟练掌握电气自动化的操作流程，以及精通计算机软件编程等相关技术。这样的培训不仅能够提高技术人员的专业水平，还能够激发他们的创新潜力，为企业的长期发展注入活力。

第三，企业应鼓励技术人员参与行业交流和学术研讨，了解行业最新动态和技术发展趋势。通过与业内同行的交流和合作，技术人员可以拓宽视野，学习先进的技术和管理经验，从而在实际工作中更好地应用这些知识和技能，推动企业的技术创新和产品升级。

(三) 加强对自动化技术设备的管理

在机械制造设备的电气自动化技术应用中，技术人员的角色至关重要。他们不仅需要全面掌握自动化技术的各项参数和操作流程，还应加强对自动化装置的管理和维护，以确保自动化技术能够充分发挥其应有的作用。

第一，技术人员应将使用流程和操作经验整合输入到电子控制系统中，这将有助于管理人员快速了解设备状态，有效追踪并解决设备可能出现的问题。

第二，加强对监测系统的运用是提高自动化技术应用效果的关键。通过实时监控仪器的工作状态，技术人员可以及时将监测数据反馈给设备的控制系统。这样的实时监控和数据分析能力，使得电子工程的设备控制系统能够及时调整设备参数，优化运行效率，并对系统数据进行深入分析和评价。工作人员还可以利用智能分析模块，对设备性能进行持续改进。通过这种方式，技术人员能够更好地了解设备运行的具体情况，发现潜在的问题，并提出相应的解决方案。这些改进措施不仅能够提升设备的性能和可靠性，还能为企业的决策提供科学依据，从而促使企业在激烈的市场竞争中保持优势。

（四）推动电气自动化技术与机械设备制造的一体化发展

随着技术的不断进步，电气自动化技术的集成化和智能化已成为未来的发展趋势。这一趋势要求机械制造企业不仅要关注机械设备的自动化改造，还要重视电气设备、传感器以及工业软件等产品的集成应用，以提高整体的生产效率和产品质量。电气自动化技术的应用能够显著提升机械制造设备的效率，通过自动化改造，可以使机械结构更加稳定、控制功能更加强大。这不仅能够提高生产效率，还能够减少人为错误，降低生产成本，提高产品的一致性和可靠性。此外，自动化技术还能够使企业更加灵活地应对市场变化，快速调整生产线，以满足个性化和定制化的需求。

为了实现这一目标，企业需要对现有的生产设备和技术进行评估和升级，引入先进的自动化设备和系统。同时，企业还应加强对员工的培训，提高他们对自动化设备和系统的操作和维护能力。通过这些措施，企业能够充分利用电气自动化技术的潜力，为企业带来更高的生产效率和更强的市场竞争力。

（五）推动机械制造设备的自动化和智能化网络控制

随着互联网技术的快速发展，计算机网络技术已经成为推动电气自动化进步的关键因素，对于提升机械制造业中的应用效果具有显著的促进作用。在机械制造业中，通过将计算机技术与电子自动化技术相结合，可以实现制造技术、信息资源的共享，还能有效地提升工程机械的性能，缩短生产周期，并提高工作人员的效率。这种技术融合为企业带来了显著的经济效益和社会效益。

第一，计算机网络技术的应用使得机械制造过程中的数据收集、处理和传输变得更加高效和准确。通过实时监控和数据分析，企业能够及时调整生产策略，优化生产流程，减少浪费，并提高产品质量。此外，网络技术还促进了远程协作和分布式生产，使得企业能够跨越地理界限，实现资源的最优配置。

第二，电子自动化技术的应用，如可编程逻辑控制器、机器人技术和自动化生产线等，进一步提高了生产过程的自动化水平。这些技术不仅提高了生产效率，还降低了对人工操作的依赖，减少了人为错误，从而提高工作的安全性和可靠性。

第三节　节能设计理念下机械制造及自动化应用

"通过结合机械、微电子、自动控制、转换、编程软件等多种技术，机械设计制造及自动化已经成为一种具有多种功能、高质量以及低能耗的系统工程技术，既满足了特定的需求，又有助于提升整体的效率。"①

一、机械制造及自动化的发展

机械制造业及其自动化构成了我国工业发展的坚实基石。经过多年快速发展，我国在这一领域已经取得了显著的成就，技术水平和生产能力均有大幅提升。尽管技术生产力在国内已经达到较高水平，但生产效率的提升却遭遇了难以突破的瓶颈。现有的技术潜力已被充分挖掘，但新型技术的引入和工艺流程的优化却未能跟上发展的步伐。

随着全球经济一体化进程的不断推进，越来越多的先进生产技术得到广泛应

① 王震. 机械设计制造及其自动化的应用及发展方向 [J]. 造纸装备及材料，2023，52（6）：73.

用和良好发展。就我国制造行业当前的发展模式来看，机械制造及自动化技术主要呈现出以下发展趋势：

1. 高度信息化管理

以信息控制替代传统的人工控制，可以实现高效、灵活的管理模式，进而有效减少生产成本的投入。

2. 微电子化发展

人们通过不断减小电子元件的体积，可以对机械产品制造阶段的空间成本进一步缩减，进而提高管理效率，保证生产工作顺利开展。

3. 节能生产模式

节能可以压缩生产成本，深度控制原材料的损耗。同时，实现环保的机械制造，基于以绿色为主题的环保理念的要求，势必会有效促进产品的销售。

从技术层面来看，数字化技术、机电一体化技术和节能环保技术成为推动机械制造业及其自动化发展的三大主流技术。数字化技术通过参数控制和信息化管理，为生产过程的优化提供了强有力的支持。机电一体化技术则通过集成化管理，实现了资源的优化配置和多模块的高效应用。节能环保技术则在各个生产环节中发挥作用，通过降低能耗和减少原材料损耗，实现生产过程的绿色化和可持续发展。

在未来的发展中，应当重视四个方面：①加强技术创新和研发投入，不断引入和吸收国际先进的制造技术和管理经验。②推动产业结构的优化升级，发展高附加值和高技术含量的产品，提升我国机械制造业的整体竞争力。③加强人才培养和技能提升，培养一支既懂技术又懂管理的高素质人才队伍。④积极参与国际合作和交流，通过技术引进、合作研发等方式，不断提升我国机械制造业的国际影响力。

二、节能设计理念在机械设计及自动化中的主要应用

（一）最佳节能设计流程

在机械制造及自动化的整个设计阶段，设计人员必须保证机械产品的生产质

量和生产工作的效率，通过改善设计、优化工艺来降低生产难度，进而实现资源节约的目的。例如，机械制造和加工过程中，工作人员可以利用温锻技术进行加工，进而降低冷锻和热锻产生的能源消耗。虽然在现代技术不断发展的情况下，传统机械产品锻造工作产生的部分热能会通过回收再利用，但与温锻方式相比，其能源消耗十分显著。因此，温锻技术是节能设计理念下有效降低能源消耗的重要技术。

（二）优化节能机械设计

在全球面临能源危机和环境污染的双重挑战下，机械制造及其自动化领域的设计工作显得尤为重要。优化节能机械设计不仅有助于提高能源利用效率，减少环境污染，还能为企业带来经济效益和社会责任的双重收益。

1. 发动机的选择

发动机作为机械运行的核心部件，其性能直接影响机械设备的能效和环境影响。选择公害较低的节能环保型发动机，是优化节能机械设计的首要步骤。这类发动机通常采用先进的燃烧技术和排放控制技术，能够在保证动力输出的同时，显著降低有害排放物的排放量。此外，节能环保型发动机还能通过提高燃油利用率，减少能源消耗，从而降低运行成本。

2. 液压系统的改良设计

液压系统在机械运行中扮演着至关重要的角色。然而，传统的液压系统往往存在能效低下和环境污染的问题。因此，对液压系统进行改良设计，是提升机械能效和减少环境污染的有效途径。设计人员应当采用高效的液压元件，如变量泵和伺服阀，以减少能量损耗。同时，通过优化系统布局和管路设计，降低系统中的压力损失，进一步提高系统的能效。

3. 油料的选择

油料作为液压系统的工作介质，其性能直接影响系统的运行效率和寿命。在机械设计阶段，工作人员应仔细选择适合系统工况的高品质油料。高品质的油料不仅能够提供良好的润滑性能，减少系统磨损，还能够提高系统的密封性能，防止泄漏，从而减少环境污染。

4. 系统清洁度的控制

液压系统的清洁度是影响其可靠性和寿命的关键因素。设计人员在设计液压系统时，应考虑如何有效地清除油液中的微尘、磨损物和垃圾杂质。这可以通过设置高效的过滤装置和定期的维护清洗来实现。确保液压系统的清洁，不仅能够降低故障率，延长设备使用寿命，还能减少因系统故障导致的生产停滞和维修成本。

（三）围绕节能型材料展开设计

第一，在制造机械设备零部件时，可以用环保型塑料质地的材料或不会对环境造成污染的材料代替原来的金属材料，进而使相关零件实现循环利用，提高资源利用率并减少对环境的污染。

第二，设计机械产品时，设计人员应该综合考虑相关材料、产品重量、使用期限、能源损耗等方面，比较理想的产品主要有消耗低、重量轻且使用周期长。这是由于若产品使用周期较长，则很多机械产品报废概率就会大大降低，这就使得在降低产品能源消耗的同时，还能提升环保效率，并且在减轻整个产品重量的过程中，也可降低对能源的消耗。

第三，除了考虑上述两个因素外，还要综合考虑机械产品的零件在报废之后对于环境的污染程度，而在产品设计阶段，零部件报废后如何处理污染问题经常会被忽略。因此，需以一些低负荷、环保效果好且成本较低的材料进行设计，尽可能地避免应用树脂、含氯橡胶、石棉等材料。

参考文献

[1] 蒋俊飞. 切削参数对金属切削刀具磨损与寿命的影响 [J]. 装备制造技术, 2023（12）：69-71.

[2] 李辉. 机械制造中金属切削技术的创新研究 [J]. 山东工业技术, 2019（4）：40.

[3] 王震. 机械设计制造及其自动化的应用及发展方向 [J]. 造纸装备及材料, 2023, 52（6）：73-75.

[4] 刘亚红. 基于精度控制的金属切削机床设计工艺 [J]. 铸造, 2023, 72（2）：222.

[5] 谭健. 机械制造金属加工技术系统化教学 [J]. 铸造, 2023, 72（9）：1226.

[6] 金晓华. 机械制造技术基础 [M]. 北京：机械工业出版社, 2020.

[7] 蔡安江, 于洋, 牛秋林, 李勇峰. 机械制造技术基础 [M]. 武汉：华中科技大学出版社, 2019.

[8] 焦艳梅. 机械制造与自动化应用 [M]. 汕头：汕头大学出版社, 2021.

[9] 范青. 机械装备制造及智能化产业发展前沿研究：评《机械装备设计》[J]. 有色金属（冶炼部分）, 2022（4）：121.

[10] 周莉萍, 李召. 机械结构设计技术与流程：《工业机器人机械系统》[J]. 铸造, 2022, 71（1）：122.

[11] 管建军. 多腔注射模浇注系统平衡优化设计 [J]. 模具制造, 2019, 19（5）：47-49.

[12] 韩珂, 蔡小波, 司兴登. 工业机器人技术基础 [M]. 武汉：华中科技大学出版社, 2022.

[13] 关慧贞. 机械制造装备设计 [M]. 北京：机械工业出版社, 2020.

[14] 董登友. 机械制造工艺及装备技术的应用研究 [J]. 造纸装备及材料, 2024, 53（2）：103-105.

[15] 杨莹. 基于绿色制造的新型机械制造工艺及装备技术研究 [J]. 现代工业经济和信息化, 2023, 13 (2): 197-199.

[16] 徐念沙. 十年辉煌挺起装备制造的脊梁: 新时代机械工业发展综述 [J]. 网印工业, 2022 (Z5): 2-6.

[17] 闫炜. 自动化技术在机械制造工程中的应用 [J]. 集成电路应用, 2023, 40 (7): 300.

[18] 徐永涛. 机械自动化在机械制造中的价值及应用 [J]. 现代工业经济和信息化, 2023, 13 (5): 171-172, 177.

[19] 林伟龙. 自动化技术在机械设计制造中的运用分析 [J]. 新型工业化, 2022, 12 (8): 257.

[20] 赵刚. 机械制造自动化技术的应用及发展前景 [J]. 花炮科技与市场, 2018 (2): 53.

[21] 郭雄. 机械制造自动化技术特点及发展前景展望 [J]. 山东工业技术, 2015 (5): 52.

[22] 郭江龙, 张春晖. 机电一体化与机械制造智能化技术结合的发展研究 [J]. 有色金属工程, 2023, 13 (1): 4.

[23] 于青云, 赵慧, 许佳, 等. 复杂制造系统建模与优化研究现状及展望 [J]. 信息与控制, 2023, 52 (1): 1.

[24] 陈竞. 电气自动化技术在机械工程中的应用 [J]. 机械设计, 2021, 38 (11): 161-162.

[25] 曹春宜. 电气技术在机械设备自动化中的应用: 评《机械电气控制及自动化》[J]. 铸造, 2021, 70 (11): 1379.

[26] 罗康. 机械电气设备自动化调试技术研究与应用优化 [J]. 造纸装备及材料, 2022, 51 (8): 16-18.

[27] 陶丹丹. 探究 PLC 技术在机械电气自动化控制中的应用 [J]. 机械设计, 2021, 38 (10): 160-161.

[28] 赵宝爱, 杨晓东, 李志鹏. 机械加工表面质量的探究 [J]. 内燃机与配件, 2021 (17): 122.

[29] 李晓峰. 机械加工过程中机械振动的成因及解决措施 [J]. 科技创新导报,

2020，17（17）：64.

[30] 林磊，周宗强. 机械制造加工工艺合理化的机械设计制造分析 [J]. 南方农机，2020，51（4）：135-136.

[31] 陈小刚. 机械制造工艺与机械设备加工工艺研究 [J]. 南方农机，2022，53（15）：155-157，167.

[32] 周东瀛. 现代机械制造技术与加工工艺的应用探究 [J]. 黑龙江科学，2022，13（6）：97-99.

[33] 张端，瞿亚辉，沈鑫一，等. 机械加工表面质量的因素及改进措施研究 [J]. 数码设计，2023（6）：123-125.

[34] 张蕊，薄林. 机械加工表面质量的影响因素及改进措施 [J]. 神州，2017（17）：266.